EUROPEAN ESSAYS ON NATURE AND LANDSCAPE

Landschaften sind grenzübergreifend, der Blick auf Landschaften und die Kenntnis von ihnen schaffen Gemeinsamkeiten. Geschichte, Politik, Geologie, Wirtschaft, Biologie, Kunst und Literatur und viele Wissensbestände mehr werden in der Betrachtung der EUROPEAN ESSAYS ON NATURE AND LANDSCAPE zum Gegenstand. Die Beschäftigung mit Landschaften schärft den Blick auf die uns umgebende Natur und sie regt zum eigenen Naturerleben an. Wir sind auf unsere Landschaften in vielfältigem Sinn angewiesen, sie sind unsere Lebensgrundlage – vor allem die der kommenden Generationen. Warum Essays? Der Essay ist streng im Blick auf das Ergebnis, nicht aber in der Systematik. Im Mittelpunkt steht oft die persönliche Auseinandersetzung der Autorin oder des Autors mit dem jeweiligen Gegenstand. Alles ist erlaubt, wenn es die Lesenden dem Gegenstand näherbringt, ihn für sie erschließt. Der Essay ermöglicht einen an Perspektiven reichen Blick. In der hier vorgestellten Buchreihe den auf Landschaften und Naturphänomene in Europa.

MOOR

Draußen im Moor begegnet man nur selten einem Menschen. Ab und zu habe ich aus der Ferne jemanden beim Beerenpflücken, auf Elchjagd, beim Skilaufen und beim Vogelbeobachten gesehen. Niemals trifft man ein Kind. Ein Gefühl von Einsamkeit haben mir die Moore nie vermittelt. Hier gibt es ihn – den Kontrast zu anderen Welten. Hier werden Dinge deutlicher, verborgen vor der Welt. Ab und an geschieht etwas Kleines. Die rosa Linnea, die langsam und kriechend beschließt für irgendein Insekt in der Ferne zu duften, am Rande des nördlichen Waldes.

Mattias Eliasson

EUROPEAN ESSAYS ON NATURE AND LANDSCAPE

MATTIAS ELIASSON

MOOR

Übersetzt aus dem Schwedischen
von Gabriele Haefs

KJM Buchverlag

Die EUROPEAN ESSAYS ON NATURE AND LANDSCAPE
werden von Klaas Jarchow herausgegeben.

Redaktion: Katrin Köhler, Johanna Rädecke und Lena Frings

1. Auflage März 2024

Simrockstr. 9a, 22587 Hamburg
www.europeanessays.eu
ISBN 978-3-96194-234-3
Vertrieb: KJM Buchverlag, Hamburg
www.kjm-buchverlag.de
Die schwedische Originalausgabe erscheint zeitgleich beim Basebo Verlag
www.baseboforlag.se

Satz, Gestaltung: Svenja Wiese, Hamburg
Gestaltungskonzept: Eberhard Delius, Berlin
Gesetzt aus der Alisal Pro und der Scala Sans Pro
gedruckt auf Munken Pure 120 g, Überzug f-color natur Hanf geprägt
Cover und Umschlaggestaltung: Rothfos & Gabler, Hamburg
unter Verwendung einer Illustration von Bo Lundwall
Lektorat: Katrin Köhler, Wien
Korrektorat: Rainer Kolbe und Andrea Wolf, beide Hamburg
Druck & Bindung: Belvédère, Oosterbeek, Niederlande
Printed in Europe

KULTURRÅDET Die Übersetzung wurde vom
schwedischen Kulturrat bezuschusst

Druckprodukt mit finanziellem
Klimabeitrag
ClimatePartner.com/13775-2401-1001

MIX
Papier | Fördert gute Waldnutzung
FSC® C016391

Mehr über die European Essays
on Nature and Landscape:
www.europeanessays.eu

Man sollte versuchen, dem nachzueifern, der den Ursprung der großen Ströme entdecken will. Ein solcher hält nicht inne, ehe er auch noch ihre abgelegensten Quellen entdeckt hat. Der Blick auf die Natur gibt einen Vorgeschmack auf die himmlische Seligkeit. Da die Seele uns daran teilhaben lässt, wird er gewissermaßen aus einem tiefen Schlaf geweckt und wandert im Lichte, sich selbst vergessend.

Carl von Linné – De Politia Naturae

Tönningfloarna, Härjedalen

Die Landschaft und ich haben uns in letzter Zeit langsam angenähert. Ein wenig zaghaft, wie Fremde mit ihren ausweichenden Blicken, standen wir einander zunächst abwartend gegenüber, wie bei einem allerersten Date. Vor einigen Jahren haben wir uns eine kleine Hütte im südlichsten Teil von Jämtland zugelegt, in der Mitte Schwedens. Nach Westen hin waren die Berge hoch und unnahbar. Dahinter erstreckten sich Waldflächen wie ein gewaltiger Teppich in einem Speisesaal. Geheimnisvoll, weit ausgedehnt und dunkel. Der Schwarzspecht ließ seinen eigentümlichen Schrei ertönen, der immer von weither zu kommen schien. Die Elche verfolgten unsere Bewegungen aus der Ferne, legten ihre Ohren an und schnupperten unruhig in den Nebel, der langsam über den Boden kroch. Die Wühlmäuse waren neugieriger und huschten arglos und kontaktsuchend um die Hausecken. Wie ein Wissenschaftler notierte ich ihre Anwesenheit und ihre Spuren im neuen Land. Mit der Zeit entdeckte ich neue, lichtere Stellen in der Dunkelheit. Nicht wie die hellen kleinen Lichtungen, die ich gewohnt war, sondern eher ausgedehnte, spärlich bewachsene, savannenähnliche Feuchtwiesen. Ein Ölgemälde, wohin ich auch sah. Die Hunde waren ebenso begeistert und hellwach wie ich. Konnten, nach der langen Reise in den Norden, ihrer aufgestauten Energie in endlos vielen Galoppsprüngen Auslauf verschaffen. Und sich zwischendurch in Bächen, Quellen und Vertiefungen im Moor wälzen, untertauchen und abkühlen. Unsere Runden weiteten sich immer mehr aus. Ab und zu nahm ich den Bus, wenn er ohnehin vorbeifuhr.

Aus Südschweden waren mir große Moore vertraut. Dort waren sie dichter mit Bäumen bewachsen, besaßen oft von Kiefern dominierte Dickichtwälder, sie waren artenärmer und insgesamt eine wenig inspirierende Umgebung. Viele waren zudem über lange Zeiträume hinweg starken Umwelteinflüssen ausgesetzt, da man aus ihnen Torf zum Streuen, Pflanzen und Heizen gewann.

Das neu gefundene Land zeigte sich mir in seinem Gewand aus wechselnden Farben. Ich konnte vor des Waldrandes schützendem Hintergrund stehen und voller Staunen zusehen, wie es sich langsam auszog und neu ankleidete. Von rein, klar, farblos und weiß zu gelb, grün, rot, braun und dem grauesten aller Grautöne.

Überteuerte Gummistiefel wurden gekauft. Die von Anna scheuerten ihr schon am ersten Abend die Ferse auf, daher wanderte ich meist nur in meiner eigenen Gesellschaft.

Vom Moor umarmt

Die Atmosphäre im Bahnwagen ist international, ein wenig aufgeregt und gemischt. Engländer, Deutsche, Dänen und Schweden drängen sich, kommen gut miteinander aus und halten sehnsüchtig Ausschau nach den fernen Bergen. Flämisch kreuzt und vermischt sich mit dem Småländischen. Im Wagen herrscht eine kindliche Gemeinschaft, Zusammengehörigkeit und Vertrautheit. Als wüssten wir in diesem Waggon alle, dass wir füreinander einstehen würden, sollte es notwendig werden… Wie schnell wir zu einer deutlich erkennbaren, eigenen Gruppe geworden sind. Aber es sind keine Kinder dabei.

Die Geselligkeit wird geschätzt. Draußen im Moor begegnet man nur selten einem Menschen. Ab und zu habe ich aus der Ferne jemanden beim Beerenpflücken, auf Elchjagd, beim Skilaufen und beim Vogelbeobachten gesehen. Man hebt vielleicht die Hand zu einem Gruß, aber man sagt nichts. Und niemals trifft man ein Kind.

Ich stand allein am Bahnhof Orsa. Es ist dasselbe Gebäude, das in der nächsten Zeit zu meinem immer vertrauteren Bed and Breakfast werden sollte. Die Zugbegleiterin lächelte mir beim Einsteigen zu. Schaute mir direkt in die Augen und sagte dann: »Willkommen an Bord.« Trotz ihres jungen Alters lag in ihrer herzlichen Begrüßung eine mütterliche Wärme, wie eine Umarmung.

»An Bord« fühlte sich auch recht ernst und endgültig an, als würden wir uns alle zusammen auf das weite, offene Meer hinauswagen. Sollte mir heute vom Zugfahren schlecht wer-

den, wird sie sich sicher neben mich setzen, etwas Tröstendes sagen und mir die Hand auf den Kopf legen, dachte ich.

Der Inlandszug, die *Inlandsbana,* wird in der endlosen Weite zu einem lebensgroßen Blechspielzeug. Eine Modelleisenbahn, die schon seit Anfang des 20. Jahrhunderts die mittleren Teile des Binnenlandes von Norrland befährt. Eine nationale Ergänzung zu der vertrauteren, stabileren Hauptstrecke. Ein vernachlässigtes, unscheinbares Geschwisterchen, das niemals wirklich sein volles Potenzial entfalten durfte.

Die Fahrt wird sanft, warm und angenehm. Die Geschwindigkeit beschaulich und gemäßigt. Mehrmals wird Elch, Ren und Auerhahn auf den Gleisen Vortritt gelassen. Der Zug bleibt stehen, atmet auf, schaut sich um, nimmt abermals Anlauf und hustet ein bisschen. Hier oben im Moorland von Koppången erreicht die Lok mit großer Anstrengung den höchsten Punkt der Modellbahnanlage, 524 Meter über dem Meeresspiegel. Vom Bahnhof Ämådalen kann man dann im südlichen Teil von Koppången aussteigen, am Bahnhof Gråtbäck. Aber wir alle wollen heute weiterfahren.

Das Land scheint zum Greifen nah. Dunst zieht sich über die weite Landschaft, als ob die sich schon ungewöhnlich früh zur Abendruhe gelegt hätte. Eingeschlafen, in tiefen, rhythmischen Atemzügen. Die Glockenblumen glitzern im Abendlicht. Halme, an denen weiße Büschel hängen, sind Scheidenwollgras. Wenn die Büschel dicht nebeneinandersitzen, ist es Schmalblättriges Wollgras. An manchen Stellen wächst so viel davon, dass das Moor am Spätsommerabend schneeweiß funkelt. In Notzeiten wurde diese Wolle oft gesammelt und als weicher und wärmender Daunenersatz zur Füllung von Kissen und Polstern verkauft, ähnlich den an der Küste gesammelten Eiderdaunen. Am Ende des 19. Jahrhunderts konnte ein Kilo Wollgras, zur rechten Zeit gepflückt, gründlich gereinigt und verarbeitet, den Moorbewohnern ein knappes Einkommen von vier oder fünf Kronen bescheren, ungefähr das Hundertfache in heutigem Wert. Carl von Linné stellt schon viel früher in seinen Aufzeichnungen fest: »Von dieser Wolle machen die Armen Polster, welche jedoch hart werden, wenn man sie längere Zeit verwendet.« Der Pastorensohn war an akademisch geordnete Verhältnisse und Gutshäuser mit weich gepolsterten Betten gewöhnt.

Ich stelle mir vor, dass ihm diese Bahnfahrt gefallen hätte. Die kontinentalen Gespräche, die relative Geschwindigkeit, die Nähe zur Landschaft, das leichte Ein- und Aussteigen. Und die gute Arbeitsatmosphäre, ohne lärmende Kinder.

Es kommt zu einem gemeinsamen Zwischenstopp an einem kleinen Waldbahnhof, eine kurze Auszeit, um Beine und Rücken zu strecken. Hoch oben am Augusthimmel jagen die Schwalben in wildem Sturzflug umher. Ihre schwarzen Silhouetten sind so schnell und klein, dass man sie kaum von den aufdringlichen Mückenschwärmen unterscheiden kann.

Die Zugbegleiterin nutzt die Gelegenheit zu einem Rundgang und fragt, wie wir unser Brot belegt haben möchten. Sie ist wirklich mütterlich. »Käse, bitte«, sage ich. Später, in Fågelsjö, werden wir gemeinsam eine Zwischenmahlzeit zu uns nehmen.

Die Strecke nach hier oben ist weniger abwechslungsreich, überall Wald. Die Augen blinzeln im Takt der vorüberjagenden Baumstämme. Der Dieselmotor brummt, die Bahnschwellen lassen die Bahn rhythmisch klappern. Und die ganze Fahrgastschar wird von dieser Melodie eingelullt, wie von einem Schlaflied. Die Sprache des neuen Landes.

Mjuk och fin lik tussan	*Weich und fein wie das Wollgras*
Som du sir på floan	*Das du auf dem Moor siehst*
Söt og go som mylta	*Süß und gut wie Moltebeeren*
Du jet sôva nu	*Du musst jetzt schlafen*

Allan Edwall: Jämtländsk vaggvisa – Wiegenlied aus Jämtland

Vor uns hindämmernd wissen wir, dass die Zugbegleiterin sorgsam über uns wacht. Das beginnende Tröpfeln des Kaffees wird zum Hintergrundgeräusch.

Im Stillen Land

Einsam steht ein Baum in einem Moor, in einem Land, wo die Berge zum Westen hin blau werden. Er ist nicht besonders groß, kleiner, als man es von einem einsamen Baum an einem so abgeschiedenen Ort erwarten würde. Vermutlich ist es eine Kiefer, und sie macht einen merkwürdigen Eindruck, wie eine alte Dame, die in Ruhe gelassen werden möchte, obwohl sie schon lange tot ist. Vielleicht schon seit zwei- oder dreihundert Jahren.

Dort, in ihrem groben, grauen und vom Wind zerzausten Körper inmitten des Seggenmoors, das laut Karte den Vornamen Björn trägt, hat der Schwarzspecht sich erst vor Kurzem und unerwartet sein Nest geschnitzt. Der Haufen Späne unter dem Baum ist verräterisch, überraschend weiß und riecht stark nach Terpentin, scharf und rein. Was für ein Kontrast zu dem grauen, verkrümmten und gealterten, ewig gleichen Äußeren der Baumdame!

Die Späne liegen wie ein kleiner Haufen Anzündholz auf dem immer feuchten Torfboden, durch den die einsame Dame in stillen und langsamen Jahren emporgewachsen ist, in stetigem und anhaltendem Mangel an sauerstoff- und nahrungsreicher Erde.

Das Spechtweibchen im Loch bekam es bei meinem Eintreffen mit der Angst zu tun und flog mit warnendem Pfeifen in hohem Bogen auf. Bestimmt war sie seit geraumer Zeit fleißig mit ihrer Arbeit beschäftigt. Bis zu einem ganzen Meter kann sie sich im Stamm nach unten gekämpft haben, jeden Tag einige Zentimeter. Auf irgendeine Weise benötigt hier alles mehr Zeit. Gerade heute scheint sogar alles stillzustehen … Auf Schwedisch heißt der Schwarzspecht *spillkråka*, der Wortteil *spill* ist verwandt mit den schwedischen Wörtern für schneiden und schnitzen. *Kråka* heißt Krähe, aber dieser Vogel ist gar keine Krähe, sondern unser größter europäischer Specht. Nun hat Frau Specht ihre Wahl getroffen. In diesem Baum will sie ihre Jungen aufziehen. Und das Björnmoor wird ihr erster Kontakt zu einer fremden Welt sein, die kalt und weit ist.

In direkter Nähe des Baus gibt es nicht viel. Eine Pfütze aus braun-schwarzem Wasser kräuselt sich leise. Lässt einen Kellergeruch aufsteigen, einen Geruch, eingeschlossen in Feuchtigkeit und Dunkelheit. Ein vergessener, schiefer alter Hochsitz mit einem kaputten kleinen Blechschild: Nr. 14. Hier werden sie, wie wir alle, in die Welt gesetzt und bekommen den Ort zugewiesen, an dem sie aufwachsen werden. Den Ort, zu dem sie eine besondere Beziehung haben werden. Aber ehe der Herbst kommt, müssen diese neuen kleinen Geschöpfe die Kunst des Fliegens und Laufens erlernt haben, sie müssen Insekten suchen, wie ihre Mutter Holz zerhacken und leise ihre trostlosen, einsamen Lieder pfeifen können.

Wenn man sich umschaut, bekommt man das Gefühl, dass es hier so vieles gibt, das *nicht* passiert. Zugleich aber fehlt hier auch nichts. Der Wald dort hinten vor den blauen Bergen und die umgebrochene, bebaute Kulturlandschaft dazwischen wirken um so vieles veränderlicher. Dort, wo die Stürme wüten und toben und die Brände auf ihrem Weg alles verschlingen. Dort tut auch der Mensch das, was man ihm von klein auf über effektive erd-, wald-, wasser- und mineralienverbrauchende Methoden beigebracht hat. Die Moore, dieses hier und viele andere, empfinden wir in ihrem ewigkeitsähnlichen Zustand statischer. Als wären sie eher mit den Ozeanen, dem Hochgebirge oder den fernen, völlig verdorrten Wüsten verwandt. Sie gehören ihrer eigenen Art an. Von Natur aus unveränderlich.

Und auch ich gehöre nicht hierher, ich bin nur zu Besuch.

HERBST

Das Land Nirgendwo

Das Land liegt da, eingebettet in reifen Herbst, wenn alles gesättigt scheint und Luft, Wasser und alles andere in fettglänzender Ölfarbe prangen. Die Sonne steht früh tief und fühlt sich schon um kurz nach vier Uhr bettreif.

Das halbe Bein verschwindet in der Tiefe. Wie ein schwarzglänzendes bodenloses Auge zwischen all dem Weißen, Moortrüben und Goldenen. Ein Sumpfloch hat mein rechtes Bein bis zum Oberschenkel verschluckt. Schwarzes Methan und Modder bilden einen halbmetergroßen dunklen Kreis, wie aus lockerem Mörtel. Ich muss lächeln. Der Boden hält mich nicht fest. Er saugt an mir und gurgelt dabei in seinem kalten, nassen Schlund. Und dann wird man ausgespuckt, wie schaler, saurer Wein. Liegt wie ein Stofffetzen im Waldmoor, zwischen vom Auerhahn abgenagten Kiefern und Büscheln von Wollgras. Hinter mageren Birken- und Kiefernstämmen sehe ich Autos vorbeijagen, dort oben auf der zivilisierten Straße. Diese Momentaufnahme ist schwer zu erklären, und der Bus ist bereits mehrere Kilometer entfernt.

Das Moorgebiet Tönningfloarna streckt sich aus, lang und breit, im frühen Morgenlicht. Auch Mücken und winzige Schnaken sind aus ihrem ruhigen Nachtschlaf erwacht. Geben ein Sirren von sich, das in derselben Tonart liegt wie die vorüberfahrenden Autos. Ansonsten ist es windstill und ruhig. Jeder zweite meiner Schritte macht ein seltsames Geräusch.

Ich gehe meines Weges, mit einem schwarzen und einem hellen Hosenbein.

Die Grimvallshütte ist grau und liegt da wie ein alter Silberschmuck, wie auf die Erde gefallen. Die Wände sind zunächst gar nicht sichtbar, gleichsam getarnt in ihrer eigenen grauen Patina. Kaum als Hütte zu erkennen. Ganz ohne Prahlerei und schönen Schein. Der Dachfuß ist fast auf Brusthöhe. Schwächliches Rundholz in einer Mischung aus Kiefer und Fichte, sicher an Ort und Stelle geschlagen. Die kleinen Längsrillen zwischen den Hölzern sind mit Haus- und Wandmoos ausgestopft. Ich drehe eine Runde, mit meinem schmatzenden schwarzen Bein. Fahre mit der Hand über die auf eine schöne Weise sonnenverbrannte Wand. Zwischen feuchten Fingern wird das Moos zum Schwamm und nimmt die Farben des Wassers an, einen Ton zwischen Grün, Braun und prachtvollstem Lila. Dass noch immer Farbpigmente übrig sind, nach all den Jahrhunderten. Der Boden unter der Hütte ist unerwartet so viel härter. Trocken, mit Beerengestrüpp auf einem Teppich aus Kiefernnadeln. Darauf rostet eine Dose, Limonade oder Bier, ihrem Ende entgegen. Der Nordgiebel hat ein Sprossenfenster. Auf dem oberen Fensterfutter hat die Lerche ihr Nest gebaut. Das Dach ist aus Kesselblech, es könnte also aus den 50er Jahren stammen. Ganz oben sind die Bleche ein wenig übereinandergelegt, um die Nockenplatten zu ersetzen. Die Kante der einen Seite ragt dabei einige Zentimeter über die der anderen.

In meinem Nacken spüre ich Kälte und Wärme abwechselnd. Die Sonne sinkt hinter die gezackten Kieferngipfel. Gleich dahinter sorgt die Furche eines Grabens für das einzige

Östersunds-Posten
Bröder nära döden då segelbåt sjönk
KMW bjöd nära 6.000 på kalaset
Jättehagel skadade kor

Geräusch hier. Ein Rest Wasser am Grund sucht einen neuen Weg. Am losen Rand des Grabens sind viele Kiefern dem Wind zum Opfer gefallen. Liegen wie Windbruchskulpturen da und warten. Sie haben wohlwollend versucht, der schwächlichen Dachkonstruktion um einige Meter auszuweichen. Dennoch sind sie so zärtlich nah, dass die dicksten Äste gegen die Holzwände drücken und beim Sturz einige Kratzer hinterlassen haben. Gleich dort unten, links neben dem Fenster, ist eine Inschrift eingekerbt. Etwas undeutlich. LIND A SED 1922. Ein Jahrhundert ist vergangen.

Es handelt sich nicht um eine Alm. Es gibt aber auch keine Nebengebäude. Vielleicht kam man hierher am Abend vor den Mäh- oder Waldarbeiten des nächsten Tages. Ein Ort, an den man sich zurückziehen kann. Ein Schutz vor Mücken, Regenschauern, Gewittern und schwerer Einsamkeit. An einem Feuer zu sitzen, den Kaffeeduft zu riechen und einen erschöpften, schmerzenden Rücken zu recken. Das war womöglich die Funktion dieser Hütte. Drinnen zünde ich ein Feuer an in dem kleinen Kamin. Habe zuerst Sorge, der Rauch könnte nach innen dringen und den ganzen Raum füllen. Aber der Abzug funktioniert. Vorn auf der Kaminklappe ist ein rostiger Fisch, eine Renke, nehme ich an. Das Zündpapier stammt aus dem Sommer 60. *Östersunds-Posten*, ich reiße das Feuilleton heraus. Alter Klapptisch mit Gästebuch und Stift. Eimer und grüne Schöpfkelle. Ich habe es mir vor der langen Seitenwand gemütlich gemacht, sitzend. Der Wind saust hinter der Rußklappe. Mir fallen die Augen zu, und ich nicke ein bisschen ein, im Land außerhalb der Welt.

Sich einem Baum nähern

Heute sind wir hier allein. Und ich komme mir klein vor, wenn die vielen Bäume mit ihren ausgebreiteten, spitzen Zweigen auf mich herabschauen. Als ob sie mich auf irgendeine Weise zur Rechenschaft ziehen wollten. So ungeheuer allein sind wir hier.

Jetzt, am Ende des Spätsommers, schweigen die Vögel, als ob sie verschwunden wären. Auch die Blumen sind verschwunden. Sogar die Gerüche sind verschwunden. Nur ein leichter saurer Geruch ist noch da, aus den Wasserlöchern mitten im Moor. Einige haben nächtliche Spuren hinterlassen, ehe sie gegen Morgen verschwunden sind. Die Elchkuh, dort, wo sie heute Nacht gelegen hat, neben ihrem neuen Kalb. Sie hat nur eines bekommen. Ich bin ihnen schon einige Male begegnet. Das Kalb ist hellbraun, wie Karamell. Das Bettstroh der beiden ist noch warm. Aus einer Laune heraus will ich mich dort hinlegen und Anteil haben an der letzten Geborgenheit schenkenden Wärme. Drei, vier Personen würden mühelos in das plattgelegene, runde Bett der Elchkuh passen, aber, wie gesagt, ich bin allein. Unter dem nächtlichen Lieblingsast des Auerhahns, dem sogenannten Abendzweig, liegt wie üblich ein kleiner Haufen von Resten der morgendlichen Toilette. Die Spitze des Baumes ist kahl und grau, nachdem viele Jahre lang Vögel daran gepickt haben. Wie diese ihre Lieblingsbäume auswählen, wissen die Forscher nicht. Manche glauben, dass Schäden in jungen Jahren die Harzproduktion des Baumes steigern, was den Nadeln mehr Nährstoffe und Geschmack verleihen könnte. Andere meinen, dass es mit dem Standort des Baumes zu tun hat. Oder damit, wie die Morgensonne über die Zweige fällt und wie geschützt vor kalten Nordwinden der Baum ist. Auf irgendeine Weise wird die Vorliebe für einen Baum weitergegeben, an immer neue Generationen von Auerhähnen und Auerhühnern des Moorwaldes.

Alte Bäume haben etwas Altehrwürdiges und Edles an sich. Sodass man als Vorüberkommender einfach die Hand auf sie legen möchte. Um sich einen guten Rat zu holen oder vielleicht irgendeine Form von Ehrfurcht zu empfinden, vor ihrem reichen Leben und ihrem hohen Alter. Was wissen wir über sie? Nichts, glaube ich. Was wissen sie über mich? Nichts, glaube ich. Fremde sind wir hier und jetzt, füreinander. Es gibt Kurse, in denen man lernen kann, sich unbekannten Bäumen zu nähern. Sie zu umarmen und ihre Kraft zu empfangen, ihre fließende Energie in sich aufzunehmen und sich damit zu füllen. Aber es gibt keine Kurse, um sich fremden Menschen in der Stadt, im Supermarkt oder bei der Arbeit mit einer Umarmung zu nähern. Wenn ich neue Kraft und Energie brauche, darf ich dann einen Baum umarmen? Irgendwie kommt mir das sehr unangebracht vor, hier und jetzt, mitten im Moor. Als strahlte man ein Übermaß an Integrität aus ... Ich berühre den Baum mit der Hand, mehr wie zur Begrüßung.

Nur bestimmte auserwählte Bäume werden von uns mit symbolischen Werten besetzt. Der Kampf um die Ulmen im Stockholmer Park Kungsträdgården, einige Tage im Mai des Jahres 1971. Ein friedlicher Akt des zivilen Ungehorsams, als Aktivisten sich wie Elfen aus *Der Herr der Ringe* an den Baumkronen ankettelen. Wodurch die Stadtentwicklung geändert und die Stockholmer Innenstadt vor neuen Durchgangsstraßen und den dazugehörenden geplanten Parkhäusern bewahrt wurde. Eine symbolträchtige Geschichte über Bäume, die nun schon 50 Jahre überlebt hat.

Der Baum des Lebens ist ein ungeheuer starkes Symbol, das sich in den meisten Kulturen, Religionen und Mythen der Welt bis zurück ins frühe antike Ägypten findet. In der Bibel wächst er im Garten Eden, gleich neben dem Baum der Erkenntnis, der mit seinen Früchten Adam und Eva lockte. Heutzutage kochen wir andere Bäume, um nachhaltigen Diesel und Flugzeugtreibstoff zu produzieren. Und glauben, diese neue, grüne, alles umwälzende Technologie sei etwas Schönes, Reines, ja, sogar Herzensgutes und Gottesfürchtiges für uns und alle anderen. Die Dendrochronologen glauben gar nichts. Sie versuchen stattdessen, einen kühlen Kopf zu bewahren und sich völlig professionell zu verhalten. Eine Haltung und ein Verhalten, die nicht von Emotionen oder Bedürfnissen der Profiteure beeinflusst werden dürfen.

Hier im Moor fühlen sie sich ganz besonders wohl, die Dendrochronologen. In bis zu fünf Meter Tiefe finden sie ihre kostbarsten Schätze im Torf. In dieser sauerstofffreien Umgebung können 8000 Jahre alte Kiefern konserviert werden, für eine nahezu ewige Zukunft. Birke, Espe, Eberesche und Erle sind die ältesten Beispiele für frühzeitig in Skandinavien verbreitete Baumarten. Ihre Jahresringe erzählen Geschichten über Klima, Temperatur, Feuchtigkeitsperioden und Brände, aber sie bilden auch einen einzigartigen Strichcode aus Raum

und Zeit. Wenn der Dendrochronologe sie in seinem Bohrkern liest und mit anderen Bäumen in seinen Aufzeichnungen vergleicht, kann er genau feststellen, in welchen Jahren dieser Baum Wurzeln schlug, wuchs und starb. Wenn das irgendjemand wissen will?

Dendrochronologe ist also ein Beruf oder zumindest eine wissenschaftliche Profession. Und eine Zusammensetzung griechischer Wörter. *Déntro* bedeutet im Griechischen Baum, auch Zweig oder Stöckchen, *chrónos* ist die Zeit und *logia* die Lehre. Die Lehre davon, wie der Baum im Lauf der Zeit gelebt hat, die im Inneren des Baumes begraben und bewahrt ist.

Wie gefällt es dem Baum hier im Moorgelände? Das würde ich gern einen Professor für Baumringe fragen, aber ich kenne keinen. Und hier trifft man auch niemals auf einen. Was würde ich den Dendrochronologen sonst noch gern fragen?

»Kann ich eine Umarmung haben?«

Elchbulle

Da draußen ducken sich die Kiefern unter dem drückenden Gewicht der dunklen, regenschweren Wolken zusammen. Ungeschützt, nackt stehen sie dort, den schneereichen Winterstürmen ausgeliefert. Einige beugen sich, fliehen in Richtung der abgerundeten Ränder des Moores. Bilden den stärkenden Rücken in dem stummen Druckholz. Während des Vormittags hat der Bulle ausdauernd und eifrig nach den flüchtigen Fährten der Elchkuh gesucht. Stunde um Stunde habe ich durch das geöffnete Fenster der Hütte ihre unverwechselbaren Geräusche vernommen. Ich erkenne diese Laute und denke zurück an die vorige Woche, die wohl den Anfang der Brunftzeit bedeutete. Unten im Ort stand ich in der Kassenschlange des Dorfladens und belauschte ein Gespräch zwischen zwei runzligen Einheimischen. Rote Fleecejacken, darüber gelbe Warnwesten und gefütterte Mützen mit verschlissenen Schirmen. Der eine rückte seine Mütze gerade und sagte: »Wenn du wie ein brünstiger Elch klingen und eine Elchkuh anlocken willst, musst du dir mit den Fingern die Nase zuhalten, ängstlich jammern und verführerisch eine traurige Ballade auf den Buchstaben R singen, auf Amerikanisch …«

Die Kuh hat ihr Kalb weggestoßen. In seiner plötzlichen Verlassenheit irrt es hilflos umher, 200 Meter hinter dem wuchtigen liebenden Paar. Das Gebrüll des Elchbullen hallt weit über das offene, in Nebel gehüllte Land. Der Boden ist wie ein Meer, eine nasse Wüste, eine betaute Tundra. Von Ende September bis weit in den Oktober hinein ist das Geräusch keine Seltenheit. Wenn der Wind richtig steht, ist es kilometerweit zu hören.

Die Moore im Norden bilden im Flachland zwischen den Gebirgen unsere größten offenen, unbewirtschafteten Ökosysteme. Um meine Stiefel schließt sich das Grundwasser bis über den Spann. Dies könnte auch eine Siedlung für ein elchjagendes Volk gewesen sein. Weil sauerstofffrei, liegt alles darunter erhalten wie ein historisches Archiv aus Lebensschichten, das Jahr für Jahr ein wenig dicker wird. Mit einigen einfachen Spatenstichen kann man sich in Minutenschnelle Tausende von Jahren weit in die Vergangenheit zurückgraben. Hinunter zu Leben und Bewegung, den Körpern von Vögeln und Insekten und zu den artenreichen Vegetationen jener früheren Zeiten. Alles ist dort. Nichts geschieht dort. Die Moore »gehören« uns nicht. Egal, wie sehr man in Jagdzusammenhängen von »Zuteilung« und »Entnahme und Besteuerung von Wildkapital« spricht. Solche Ausdrücke sind ebenso falsch wie absurd. Hier, am Rand des Moores, wird das zugeteilte Dasein eines jeden überaus greifbar und lehrreich. Es ist ein Ort, der aus all den Leben besteht, die hier einmal gelebt wurden, in ihrer kurzen Zeit vor uns.

Im Herbst 1924 wurden in einer Tiefe von etwas mehr als einem Meter zwei Holzskier mit den dazugehörigen Stöcken gefunden, gut erhalten in einem Moor bei Kalvträsk in Västerbotten. Wohl zurückgelassen … Sie wirkten »historisch« genug, um ausgegraben und von den Moorarbeitern einen Winter lang in einem Stall in der Nähe aufbewahrt zu werden. Im folgenden Jahr landeten sie über Umwege schließlich im Museum von Västerbotten, wo sie unter der Inventarnummer B 1377 registriert wurden. Nun sind sie großen Teilen der Skiwelt bekannt. Moderne wissenschaftliche Untersuchungsmethoden haben inzwischen erwiesen, dass sie um einiges älter sind als die mächtigen Pyramiden am Ufer des Nils. Jemand hatte sie aus dem Druckholz einer Kiefer geschnitzt, wie sich ebenso feststellen ließ. Dann muss eine Person auf ihnen losgefahren und am Fundort angekommen sein. Es war zu einer Zeit, als Skilaufen eine alltägliche Lebensnotwendigkeit war, um hier im schneereichen Norden jagen, wohnen und überleben zu können. Mit welchem Gefühl im Bauch ist diese Person danach weitergezogen? Oder ist sie es überhaupt? Und wenn ja, warum hat sie die Skier dann zurückgelassen?

Die schweren, keuchenden Tierleiber haben jetzt im Gestrüpp des Jungwaldes gewaltig an Tempo gewonnen. Die eher bescheidene Krone des Bullen schlägt immer wieder laut hörbar gegen die schlanken Stämme der jungen Birken. Auch er bildet sich ein, dass dieses Land seines ist. Ich habe die Reviermarkierungen gesehen, die er in die Bäume am Rand des Moores gekratzt und gehauen hat. Einige Kiefern liebt er besonders – dort ist die Rinde vollständig abgeschabt, auf bis zu zwei Metern Höhe. Der Bulle hat sein Gehörn und seinen angespannten gewaltigen Leib gegen den Baumstamm und so das Druckholz mit seinem zähen Rücken gepresst.

Vom offenen Fenster der Hütte aus kann man sich des Mitleids mit der verwirrten Verletzlichkeit des Kalbes kaum erwehren. Ängstlich trottet es stolpernd dahin wie ein verlorenes, verlassenes und blökendes Lamm. Das Erwachsenenleben hat nun seinen Anfang genommen, unerwartet plötzlich, hier in den frühen Morgenstunden. Ich schließe das Fenster und lasse die riesigen, trommelnden Regentropfen gegen Glasscheibe, Wände und Dach prallen. Schaue hoch zur schwächlichen Dachkonstruktion. Rede mir ein, dass sie durchhalten wird, ganz sicher, noch etliche Jahre lang.

WINTER

Nichts ist passiert

Vielleicht war ich in abenteuerlicher Stimmung, als ich Fahrkarten für die Züge hoch zum Stillen Land buchte, die weder Stornierung noch Umbuchung zuließen. Die Durchsage verkündet nun mit ihrer üblichen freundlichen Fürsorglichkeit aus den knackenden Lautsprechern am Bahnhof, dass alle Reisenden schlussendlich an ihrem Endziel ankommen werden. Am Ende klingt es sogar schön.

Ich frage den Kundendienst der Schwedischen Eisenbahnen, ob es möglich ist, heute noch nach Orsa zu gelangen.

»Nach Orsa kommt man am einfachsten, wenn man sich Zeit lässt«, antwortet die Bahnangestellte. »Gegen die Macht des Wetters können wir nichts ausrichten. Wenn im Sturm ein Baum auf die Schienen stürzt, zerstört das den Zug.« Der geht wohl eher kaputt, wenn ihr auf den Baum auffahrt, denke ich, sage aber nichts. Beim Bahnhof Norrköping stehen die Züge Schlange, um ihre zerschmetterten Fronten reparieren zu lassen. Wir anderen stehen beim Bahnhof Linköping Schlange, wo ein wartender Bus uns nach Orsa fahren wird. Ein ausgefallener Zug ist auch eine Reise.

Draußen Millionen von Baumstämmen. Allesamt um die dreißig, vierzig Jahre alt, so sieht der Wald entlang der Fahrbahn aus. Auf der Fahrt durch Dalarna werden die Schneeverwehungen am Rand der Straße immer höher. Die Straßenaufsichtsbehörde musste sich gezwungen gesehen haben, die

Schneewehen Stück für Stück von oben ab zu pflügen und den Schnee neben die, so immer enger werdende, Fahrbahn zu schieben. Den Überlandbus scheint das nicht sonderlich zu stören, er hält unvermindert seine zitternd schaukelnde Geschwindigkeit von 90 km/h.

Als die Dunkelheit herabsinkt, lautlos, vor den Scheinwerfern der Autos, biegt der letzte Bus des Tages im großen Kreisverkehr bei Orsa nach links ab und fährt vorbei am Ortsrand. Ich habe mir für die nächtliche Zuflucht das neue Bed and Breakfast des Ortes ausgesucht und vorhin schon mein spätes Eintreffen angekündigt.

Ein Mann aus Schonen empfängt mich an der Tür. Wie sich herausstellt, macht er hier alles selbst. Den alten Bahnhof hat er zu einer ordentlichen, schönen Touristenherberge umgebaut. »Hier wirst du wohnen«, sagt er und zeigt auf eine dicke, weiße und feuerfeste Tür. Er spricht geradeheraus und ohne einen Hauch von Fragen. Vielleicht ist er müde.

»Ich werde über das Moorgebiet Koppången schreiben«, erkläre ich, als ob es irgendeiner genaueren Erklärung bedürfe, im winterkalten März in schwarzer Nacht nach Orsa zu kommen.

»Ich kann machen, was ich will…«, erwidert er. Ich schaue in eine andere Richtung, suche nach etwas, auf das ich meinen Blick richten kann. »Jetzt, wo ich geschieden bin«, fügt er hinzu. »Ohne Kinder und Frau ist man hier einsam.« Ich entdecke den Mond, der halb und grau ist.

»Koppången«, wiederhole ich. »Warst du da schon mal?«

Auch er schaut zum Mond, zu mir, wieder zum Mond.

»Nein. Dazu hatte ich keine Zeit. Habe an die fünf Jahre lang gebaut und renoviert. Jetzt werde ich das Haus verkaufen und noch mal neu anfangen, in Österlen in Schonen.«

»Da war ich schon mal«, erkläre ich eilig, als wollte ich ihn mitten im Satz unterbrechen, um einen vielleicht erfreulichen und interessanten Beitrag zu leisten.

»Du frühstückst um acht.«

Wir schauen beide hoch zum Mond, der sich jetzt hinter einer Wolke verkrochen hat. War das eine Frage, die der Mann da stellte?

Der Eislaufverein hat freundlicherweise auf dem nahegelegenen Orsasee eine drei Kilometer lange Runde freigepflügt. Viele Leute aus dem Ort absolvieren dort im vormittäglichen Sonnengleißen ihren üblichen Spaziergang. Auf dem Weg dorthin, gleich vor der Ortsverwaltung, gerate ich in ein kurzes Gespräch mit einer Frau, die auf ihrem Tretschlitten *(spark)* von dieser Tour zurückkehrt. Auch sie genießt die Pracht der Eislaufbahn.

Eigenwillig, freundlich und aufmerksam, das ist der unmittelbare Eindruck, den ich von ihr habe. Ich versuche, mich ein wenig nach der Geschichte des Ortes zu erkundigen. Die Frau zeigt auf das Dach der Ortsverwaltung. Auf der Spitze des Türmchens sitzt ein kleines Symbol oder eine Figur. In dem hellen Sonnenlicht sieht es aus wie eine Art Eule, vielleicht ein Uhu. »Spielt das auf die Weisheit des Gemeinderates an?«, frage ich. »Glaub ich nicht… Das ist ein Füllhorn«, lautet die kurze Antwort. »Das soll ein Symbol sein für den Überfluss hier, für das Land, in dem Milch und Honig fließen.« Und

dann schüttelt sie ihr kleines Haupt, zieht ihre roten Handschuhe an und bohrt symbolisch die Stöcke ins Eis.

In einer Zeit vor unserer Zeit gehörte Schweden zu den ärmsten Ländern Europas. Orsa als Ort und Gemeinde war in diesem armen Land einer der ärmsten der armen. Wald, Wald, Wald und karger Ackerboden. Die Bauern einigten sich deshalb bei der Flurbereinigung gegen Ende des 19. Jahrhunderts darauf, dass alle Grundbesitzer ein Drittel des Waldes abtreten sollten, zur gemeinsamen Nutzung und Verwaltung. Aus einem Teil des abgetretenen Geländes wurde eine Allmende aus fast 56 000 Hektar produktiven Forstbestandes. Die Erträge wurden in einem gemeinsamen Fonds investiert, der den Besitzern, also den Bauern von Orsa, gemeinsam zur Verfügung stehen sollte. Der Gemeinschaftswald von Orsa wurde zum mit Abstand größten Gemeinschaftswald des Landes. Der Gewinn floss zurück an die Grundbesitzer, in Form von Zuschüssen zur besseren Nutzung des Waldes und zu Projekten zur gemeinsamen Entwicklung des Waldes. Als man mit Kahlschlägen in größerem Umfang begann, wurde Orsa zu einer wohlhabenden Gemeinde. In weniger als 50 Jahren konnte der Ort sich von Armut und negativem Entwicklungstrend verabschieden. Zwischen 1886 und 1933 bezahlten die Einwohner von Orsa noch nicht einmal Gemeindesteuern. In der Blütezeit des Kahlschlags wurden 6000 Personen und 3000 Pferde bei der Forstarbeit eingesetzt. Die Arbeitskräfte wurden nicht nur aus Dalarna und Hälsingland rekrutiert. Sie kamen auch aus Värmland und überhaupt aus ganz Schweden. Der Gemeinschaftswald von Orsa wurde zu einer starken und einflussreichen Organisation, die seit dem Ende des 19. Jahrhunderts bis zur Mitte der 1950er Jahre Schulen, Gerichtsgebäude, Straßen, Industrien, Badeanstalten, Altersheime und Bibliotheken baute und finanzierte und die Acker- und Forstwirtschaft stetig erweiterte. Eine Sicherheit für den Ort, die noch heute existiert und in Krisenzeiten gemeindeeigene Dienste und lokale Wirtschaft unterstützt.

Die Bibliothek, mein eigentliches Ziel, liegt auf der anderen Seite des Marktplatzes, nur 50 Meter von meinem Nachtquartier entfernt. Sie ist wegen einer Überholung des IT-Systems den ganzen Tag geschlossen. Ich muss lange und energisch an die riesige Metalltür klopfen. Monica öffnet und lächelt. Sie sieht nett aus, denke ich. Vielleicht, als wohnte sie hier ... »Koppången«, sage ich zur Einleitung, zum dritten Mal innerhalb von weniger als zwölf Stunden in diesem Ort. »Nein«, antwortet sie, in weniger als einer halben Sekunde. »Darf ich mal ins Archiv schauen?«, frage ich. »Ja«, antwortet sie, lacht dabei freundlich und öffnet die große schwere Tür, allein für mich.

Ich lasse meinen Blick über Reihen von Ordnern schweifen. Alte Zeitungsartikel. Über Generationen aufbewahrte Ausschnitte. Die meisten handeln wohl vom Allmendewald. Dann noch Ordner über Volksmusik und umherreisende Spielleute. Über Skiläufer finden sich viele Artikel. Und die Bibliothek hat auch eine eigene Sammlung zur Landschaft Dalarnas. Hier gibt es Unmengen von Büchern über Orsa …

Ein anderer Bibliothekar wirft einen Blick in den mit Ordnern vollgestopften Raum und sagt freundlich »hej« im Akzent von Orsa. »Es gibt ein Lied und eine Melodie namens Koppången«, teilt er mit. »Möchtest du das hören?«

Nach vielen langen Stunden in der Bibliothek von Orsa werfe ich einen Blick auf meinen kleinen Notizblock. Da steht eine kleine Notiz, nur diese: In den 70er Jahren wurde ein Mann von einem Bären gerissen, im Moor Koppången …

Nachtfahrt mit Linné

Die ganze Nacht hindurch hat der Vollmond geschienen. Hat sein strahlendes Licht überschwänglich und berauschend ausgestreut, in weitem Umkreis, über alles Verborgene, Schweigende und still Vergessene. Es liegt nicht die geringste Einsamkeit in diesem nächtlichen Erlebnis. Die Stunde ist zum ersten Tag des März geworden. Der Harschschnee wirft Risse, mit dem Geräusch von zerbrechendem Glas, das durch die Dunkelheit des Himmels fällt. Verschiedene Schattierungen von winzigen Klängen legen sich in dem vielen Weiß zur Ruhe. Möglicherweise ist die Nacht hier noch stiller als der Tag … Die Sicht im Mondlicht über dem Moor reicht fast fünf Kilometer weit.

Ganz zu Beginn seiner Laufbahn war Carl von Linné hier draußen in den Mooren. Ein frühreifer Jüngling aus Stenbrohult in Småland, einem kulturell beflissenen kleinen Pfarrort im Süden von Växjö. Das ist jetzt fast 300 Jahre her. Weiß nicht, warum ich auf meiner nächtlichen Wanderung an ihn denken muss.

Wir haben dasselbe Gymnasium besucht … die Kathedralschule in Växjö.

12. Mai 1732. Er wurde im Frühjahr von der Königlichen Wissenschafts-Sozietät ausgesandt. Es war ein Auftrag, für den er sich in seinem jugendlichen Eifer den ganzen Winter hindurch eingesetzt hatte. Tatkräftig. Und mutig. Vielleicht war er zu eifrig. Auf einem geliehenen Pferd ritt er entschlossen durch das Nördliche Zolltor von Uppsala, in der jetzigen Ecke von Skol- und Svarbäcksgata, zu seiner ersten Forschungsreise aus. Er war damals 25 Jahre alt. Der ihm von der Sozietät erteilte Auftrag bestand darin, eine Art »ökonomische Analyse« der Erreichbarkeit und der noch ungesehenen, unerforschten Naturschätze Nordschwedens zu erstellen. Zu sammeln, zu zeichnen, Pflanzen-, Stein- und Tierreich zu dokumentieren; und etliche andere spontane volkskundliche Studien betrieb er aus akademischer und jugendlicher Neugier und purer Lust.

Es ist Nacht. Meine Brust füllt sich in einer halben Sekunde mit einer aufflammenden Angst. Eine Hitze, die bis in die äußersten Fingerspitzen und Zehen wandert. Er erscheint wie ein flatternder Schornsteinfeger, gekleidet in sein weitestes, schwärzestes Gewand. In meinem Kopf dröhnt es. Und über der weiten Wildnis dröhnt es. Jemand liegt dort eingeschneit, in träumerischem Schlummer, wie ein vergessener Heckenschütze aus dem weit zurückliegenden finnischen Winterkrieg. Verschlafen darauf wartend, dass meine Skispitzen seinen kleinen, schwarzen, schneebedeckten Kopf berühren. Er verschwindet in seinem weiten, wehenden Talar hinter den spitzen Konturen des Kiefernhorizontes. Ich höre die Flügelschläge lang und deutlich, dann lässt er sich in einem Baum nieder, in einem Wipfel, zwischen Mond und Mars. Linné hat ihm seinen Namen gegeben, 1758. Er entschied sich für *Tetrao*, großer Hühnervogel, doch dieser Name könnte auch lautmalerisch sein und den Lockruf des Vogels nachahmen, und darauf folgt *urogallus:* wie ein Auerochse. Der schwarze Auerhahn des Bärenmoors.

Linné begleitet mich weiter auf meinem Weg, durch meine nächtlichen Gedanken. Er ritt den Küstenweg entlang, gen Norden, dem Frühling folgend. Schwarzdrosselgesang, der ruckartige Flug der Schnepfe, der Frühlingsblumen herrlicher Anblick. Es war zur Zeit der Luftspiegelungen und der sich öffnenden Blätter. Aber Erlen und Espen waren noch nicht

ergrünt. Er notierte alles in seinem kleinen Notizbuch. Ich stelle mir vor, dass auch der Flieder noch nicht blühte. Linné machte sich bei dem ersten seiner drei längeren Abstecher, bei Umeå, auf den Weg durch das weglose Land. Tauschte zuerst, kurzentschlossen und klug, seine hochhackigen Stiefel gegen eine für ihn ganz neue Art von Schnürschuhen, die von den Menschen dieser Gegend *kängor* (Wanderstiefel) genannt wurden, und begründete seinen raschen Entschluss: »Die Natur hat dem Menschen keine Absätze gegeben.«

Dann ging er weiter in Richtung der lappländischen Berge. Und vielleicht auch darüber hinaus, bis zu den fernen norwegischen Meeren. Vielleicht wurde er überrascht von der Weite der Feuchtgebiete. Den Hochebenen. Er, der er angeblich relativ klein war, mit einer geschätzten Körpergröße von 153 cm. »Eher niedrig als hoch«, so beschrieb er es selbst.

Lappland schaute interessiert auf ihn herab. Und hieß ihn dann willkommen, durch seine höllisch schweren, knarrenden Tore.

Schwarze Punkte in der Weite, im Weiß

Ohne Geduld im Leib tanzen heute die Birkhähne, obwohl es noch viel zu früh ist, zu früh für den Morgen und zu früh für den Frühling. Ein Ritual voller Ernsthaftigkeit, kriegerischem Kampf und militärischer, paradehafter Ordnung. Hahn gegen Hahn, Brust gegen Brust. Niemand sonst ist wach in diesem frühen, noch schwachen Licht. Schwach, als sei es aus der vergangenen Nacht, aus dem Innersten der Finsternis gerettet. Eine Fuchsfährte führt vorbei an der Ecke der Hütte, entlang des Weges hinunter zu den anderen Hütten der Alm. Biegt ab ins Dickicht und folgt dann einem kleinen rhythmisch schlagenden Hasenherzen. Der Hase, der auf den ersten Blick ohne Plan, ohne Ziel für seinen Tag herumzuhoppeln scheint. Aber der Hase hat seine alltäglich vorgegebenen Wege, wie alle anderen Tiere im Moor. Elche, Bären, Rentiere, Wühlmäuse und Menschen. Gewohnheitstiere, die ihren eingespielten Mustern folgen. Als ich am frühen Morgen, noch im Hemd, den Fuchs laufen sah, während ich Wasser lassen wollte, stellte ich mich an dieselbe Kiefer wie am Morgen zuvor und am Morgen davor … bilde ein Muster im Schnee, das niemals gesehen wird, in dem großen, frühen Land ohne Licht oder Laut. Aber die Skiverhältnisse können heute anders sein. Die kalte Nacht bewahrt die harsche Kruste und der Neuschnee ist zentimeterdünn.

Jenseits der weichen Konturen der dunklen Berge im Westen führte General Carl-Gustav Armfeldt seine Karoliner zurück, hinein in die allerteuflischste Hölle, während eines Manövers in der Schlussphase des großen Nordischen Krieges. An so etwas kann man denken, wenn man hier in der winterlichen Dunkelheit steht, nur mit einem Hemd bekleidet, barfuß unter einer Kiefer. Armfeldt stammte ursprünglich aus Finnland, das damals ein Teil Schwedens war, hatte aber auch Wurzeln in Jämtland, wohin er jetzt zurückgekehrt war, da ein Urgroßvater väterlicherseits der jämtländische Bauer Lars Eriksson aus Frösön gewesen war. Auf Befehl Karls XII. rief

Armfeldt nun ein Heer zusammen, um von Osten, über Åre und Duved, in Norwegen einzumarschieren, auf den deutlichen und unmissverständlichen Befehl des Königs. Um innerhalb von sechs Wochen Trondheim endgültig zu belagern und Norwegen durch einen Seitenangriff in der Mitte abzuriegeln. Derweil sollte die gewaltige Hauptabteilung des Heeres mit 50 000 Mann und dem König selbst an der Spitze Christiania (das heutige Oslo) von Süden her angreifen. Dort unten in dem vom Krieg zerrissenen Småland war der kleine Carl damals elf Jahre alt … Das Pfarrhaus in seinem Heimatort Stenbrohult hatte er bereits zwei Jahre zuvor verlassen, um in der Stadt Växjö den Schulbesuch fortzusetzen. Sein Zuhause verließ er im Alter von neun Jahren. Wie er sich damals wohl seine Zukunft vorstellte? Was dachte er über seinen frühen Morgen, seinen jungen Tag?

Das Sinnvollste war es, sich strategisch für eine Kriegführung auf dem fruchtbaren Boden des Feindes zu entscheiden, sodass Erfolge im Feindesland auch das eigenen Heer ernährten. Nun würde sich die Armee für ein halbes Jahr selbst versorgen. Norwegen sollte vor der totalen Ausplünderung bewahrt bleiben. Das Norwegen, das später unter die Herrschaft eines neuen schwedischen Königs geraten würde. Bei Armfeldts Kriegszug von Duved nach Trondheim marschierten über 10 000 Mann im Gleichschritt, dazu fast 7000 Pferde und 2500 Stück Schlachtvieh, Kühe und Schafe, die als lebender Proviant mitgeführt wurden, durch eine einsame, aber auch herbstlich farbenprächtige Gebirgslandschaft. Ein hungriger wandernder Zug, der jede Menge Furage benötigte, für Pferde,

Schlachtvieh und Menschen. Eine unvorstellbar große Masse in Bewegung, wenn man bedenkt, dass in dieser gesamten Region damals kaum 15 000 Menschen lebten. Dazu kommt, dass bis zu 20 Prozent der männlichen Bevölkerung zur Armee eingezogen worden waren... und dass jeder Haushalt in Schweden betroffen war und Lebensmittel für die Kriegsanstrengung beisteuern musste. Wie auch immer sie das schaffen sollten, in den Notjahren mit immer neuen Seuchen und Missernten. In das 17. und 18. Jahrhundert fallen außerdem die ärgsten Kälteperioden, die wir seit Ende der letzten Eiszeit in Schweden erlebt hatten. Deshalb wird diese Periode heute die »kleine Eiszeit« genannt. Ja, der Krieg verlangt viel, von allen.

Der Kriegszug führte weiter nach Westen, über einen überraschend schmalen, knapp zwei Meter breiten Winter- und Handelsweg nach Norwegen, nun aber zwischen Spätsommer und Frühherbst mit frostfreiem Boden. Oftmals mussten sie durch ausgedehnte Moore waten, wo sie gewaltige Mengen von Bäumen schlugen und Reisigbündel sammelten, die quer zur Wegrichtung auf den Boden gelegt wurden, um den feuchten Untergrund zu verstärken und die Belastung durch das Gewicht von Kanonen, Pferden und all der anderen schweren Ausrüstung zu verteilen, die sie auf ihrem sechs Monate langen Marsch benötigten.

Wie vorgesehen erreichte das Heer Trondheim, wo die Belagerung jedoch aufgeschoben wurde und man auf Verstärkung aus Schweden wartete. Diese traf nicht ein, vor allem aufgrund widriger Wetterverhältnisse. Armfeldt erfuhr nun, irgendwann zwischen Weihnachten und Neujahr, vom plötzlichen Tod des Königs. Seltsamerweise erst einen knappen Monat nach dem wirklichen Todestag, dem 30. November … Armfeldt trat augenblicklich den Rückzug an und entschied sich für den kürzesten Weg nach Schweden, über einen kleinen, markierten Wanderweg durch das Gebirge. Bisher war der Winter durch einen kahlen Boden und eine dünne Schneedecke gekennzeichnet. Sie hatten deshalb keine Skier bei sich, das Heer war schlecht ausgerüstet und nach dem vier Monate lang andauernden Feldzug erschöpft.

Ein Netz von fast 6000 schwarzen Punkten breitete sich in dem endlosen stürmischen Weiß wie ein Fischgrätmuster über den Rücken des Öjfjäll aus, in der Silvesternacht 1718. Ein Heereszug, der mehr als zehn Kilometer lang ist, dreht nicht um, auch wenn Schneesturm und Kälte immer mehr zunehmen. Er marschiert geradeaus weiter in die ihm befohlene Richtung. Die Tapfersten versuchten, sich selbst, ihre Gewehrkolben und ihre zerschlagenen Schlitten zusammenzusammeln, um Feuer zu machen, ohne Zündhölzer und ohne Kontrolle über ihre erfrorenen Hände. Gleich unterhalb von Sylarne beim Essandsjö, heute bekannt als *Svenskhögarna* (die schwedischen Haufen), fanden die Einheimischen so viele tote Menschen und Pferde, dass sie später beschlossen, ihre Ställe und ihre Weide- und Anbaugebiete zu verlegen. Mit der Zeit lockten die Leichen Unmengen von Raubtieren an. Man nimmt an, dass innerhalb von ein paar Nächten an die 1000 Mann erfroren; weitere 2000 Mann entlang der breiten Berghänge. Die meisten blieben einfach sitzen und erwarteten den Tod … Das ist jetzt über 300 Jahre her.

Die Morgenstunde will sich nicht so recht einfinden, es ist einfach noch zu früh. Und wie der allmählich erwachende Morgen dann schließlich aussehen wird, weiß niemand. Aber ich koche Kaffee, was seine Zeit braucht. Die Birkhähne werden ihre Balz noch viele Wochen fortsetzen. Eine Skitour kann ich am Vormittag noch schaffen, ehe der Schneeharsch zu locker wird. Und der Hase wird sicher alles tun, um sich versteckt zu halten, tief drinnen im verschneiten Dickicht.

FRÜHLINGSWINTER

Ach, stumme Einsamkeit, wo soll ich Wonne finden?

Bei freier Zeit und Traumwetter werde ich nervös, will unbedingt die Hütte verlassen. Wie so typisch für diese Jahreszeit war es abwechselnd warm und kalt. Nachts bis hinunter auf minus zehn, tagsüber zwei, drei, vier Grad plus. Weicher, nachgiebiger Schnee verwandelt sich über Nacht in eine harte, unbewegliche Eismasse, und der tiefschwarze Nachthimmel wird tagsüber blendend weiß.

Der Wind, der nicht so recht weiß, was er will oder wonach er sich richten soll. Fegt umher und wechselt die Richtung, wieder und wieder, ein und aus … Die Bachstelze ist schon da und führt sich auf wie der Wind, auf dem schneefreien Boden zwischen den trockeneren Sonnenflecken der grauen Häuser. Auch sie ist hier zu Hause, Jahr für Jahr. Findet ihr Nest auf einem Dachfirst oder auf dem oberen Fensterblech. Schließt ihre bogenförmigen Flügel um ihr Köpfchen. Darauf legt sich dann weiß der Schnee.

Der Mietwagen von der Tankstelle in Orsa wirkt nervös, ausgekühlt und schlaftrunken. Hustet sich nach drei-, viermaligem demonstrativen Stöhnen in Gang. Draußen ist noch immer Nacht, legt sich wie ein Muster auf das Glas der Autofenster. Ein Himmelsspiel aus kristallklaren Sternen war darauf gelandet und hatte sich festgesaugt. Ich muss die Windschutzscheibe senkrecht, waagerecht und diagonal kratzen, um kleine Gucklöcher zu erhalten. Die Fahrt ist mühsam durch die begrenzte Sicht, wie so oft, wenn sich Eifer und Hast gegen Sicherheit und Vernunft behaupten müssen.

Schon gestern habe ich zur Vorbereitung die Holzskier mit Teer eingeschmiert. Habe sie an die Südwand gelehnt. Die Nachmittagssonne brachte die hellbraune Oberfläche zum Schmelzen. Langsam, langsam öffnete sich das Holz und nahm die Teerschmiere in sich auf, wie einen Segen.

Obwohl ich die Reste abgewischt habe, um den Leihwagen nicht zu verschmutzen, hinterlasse ich jetzt im Harschschnee zwei lange dunkle Linien. Mit minimaler Anstrengung und während es leicht abwärts geht, zischt es um die Stahlkanten der Skier. Kleine Vögel beobachten mich, sie sehen völlig ausgeruht und aufmerksam aus. Am Rand des Moores konnte ich Tannenmeise und Zaunkönig entdecken. Zwei, die einander ähneln und oft zusammen gesehen werden, im selben Kiefernzweig hängend, jeder in seiner Gabel. Wie Geschwister. Klein und groß. Gleich und verschieden.

Heute ist vielleicht der bisher wärmste Tag des Jahres, es tropft vom Dach, und Gras wird gemäht bis zu den Nachrichten um Viertel vor fünf. Inzwischen ist auch gelbes, vertrocknetes Gras aus dem Vorjahr um die Birkenwurzeln zu sehen, es ragt auf wie witzige Struwwelfrisuren. An einigen Stellen ist der Boden bereits schneefrei. Als sollte der Schnee in diesem Frühjahr qualvoll vertrieben werden, ganz langsam … Ich stoße auf den Lieblingsast des Auerhahns, in einer Kiefer, schon am Rand des Moores. In der Nacht hat er dort einen richtig großen Haufen hinterlassen. Wie ein Pferdeapfel, auch von ähnlicher Farbe, mit deutlichem Einschlag von Ocker, in einem Gewirr aus zerbrochenen Kiefernnadeln.

Die Wasseransammlungen verlaufen in langen, parallelen Strängen unter der Schneedecke, wie ein Zebramuster. *Aapamyrer* werden diese Feuchtgebiete mit ihrem typischen Gittermuster aus höher gelegenen, trockenen Strängen und feuchteren Flecken aus Schmelzwasser genannt. Jetzt bei Harschschnee bilden sich lange, herrlich ausgedehnte kleine Hügel zum Skilaufen. Eine wogende weiße Savanne. Das hier ist ein Moor, das die Bezirksregierung während des letzten Jahrzehnts als ständiges Feuchtgebiet wiederhergestellt hat. Alle Gräben werden mit dem gefüllt, was gerade zur Hand ist. Stöcke, Reisig, Bretter und Steine, um das Wasser zu halten. Nun erwartet uns eine neue Ära der Feuchtigkeit. Was will man damit erreichen? Der Boden soll für die unmittelbare Zukunft unproduktiv und »unbrauchbar« werden.

Mindestens ein Zehntel der schwedischen Bodenfläche besteht aus Regenmoor, Sumpf, Niedrigmoor oder irgendeiner

Form von Feuchtgebieten. Fast alle sind zu einem gewissen Grad durch Menschenhand be- oder entwässert worden. Das bedeutet einen unvorstellbaren Arbeitseinsatz. Vollgesogene, schwere Moormasse wurde aus mehr und mehr Gräben entnommen. Seit Jahrhunderten wurden Feuchtgebiete in Ackerland umgewandelt. Vermutlich haben wir in Schweden Gräben mit einer Gesamtlänge von mehr als einer Million Kilometer ausgehoben. Auch der Staat hat zu diesem Einsatz ermuntert und für die Entwässerungsgräben Beitragshilfen bezahlt. Die Bedingung war, dass die Grundbesitzer selbst für die Räumung und den Unterhalt ihrer Gräben aufkommen mussten. Das Wasser aus ihrem Boden zu entfernen war oft die erste und wichtigste Aufgabe der Bevölkerung, in ihrem schweren bäuerlichen Leben.

Heute mag man sich kaum die Mühe machen, im eigenen Garten Kartoffeln zu ziehen.

Der Mensch, an manchen Tagen will er so viel. An anderen will er nichts. Entlang der Milchstraße, zurück zu den silbergrauen Häusern, verströmt das Autoradio seine bescheidenste, knisternde Melodie. Sie klingt wie eine Erinnerung an die Kindheit oder wie Stimmen aus einer Zeit, als die Menschen anders dachten als wir heute. Für manche wurde sie zu einem tröstenden Signal weit fort vom Lärm der Großstadt. Das Lied des einsamen Moores. Ein Lied aus einem Dorf, viel mehr noch aus einem Moor. Das Dorf liegt damals wie heute auf der Insel Sollerön am Siljansee in Dalarna, gleich im Süden von Mora. *Utå möri,* heißt das im lokalen Dialekt und bedeutet außerhalb oder auf der anderen Seite des Moors. Das Dorf jenseits des Moores.

Die Klaviermelodie ist eine Interpretation von Jan Johansson aus Hälsingland. Er hat sie gefunden, als er in der Bibliothek auf der Suche nach neuem Material und neuer Inspiration war. Pop und Rock hatten begonnen, im Rundfunk mehr Platz einzunehmen. Von Gitarren dominierte Musik aus England und den USA. Der Jazzkomponist Johansson erkannte, dass es an der Zeit war, etwas anderes und Neues zu machen. Er schielte zur Volksliedtradition hinüber und wurde fündig in einem dicken Buch, der Liedersammlung *Svenska låtar,* vom Anfang des 20. Jahrhunderts. Das Lied war bereits früher, bei einem auf Initiative von Anders Zorn arrangierten

Spielmannstreffen, von Reser Anna Larsson, die selbst aus Utanmyra stammte, auf einem Kuhhorn gespielt worden.

Wir schnaufen weiter, das Lied und ich, mit trommelnden Fingern auf dem Lenkrad, mit Bass und Klavier allein in der dichter werdenden Dunkelheit. Die Berge erblauen, dort weit in der Ferne.

Das Lied stammt ursprünglich jedoch von Olof Dahlin, geboren 1708. Ein Pastorensohn, der in jungen Jahren an der Universität von Lund studierte. War er vertraut mit Carl von Linné? Vermutlich, ja. Beide studierten in Lund, waren im gleichen Alter, begabte Pastorensöhne und noch dazu miteinander verwandt, wenn auch nur entfernt. Olofs Text zur Melodie beginnt mit »Ach, stumme Einsamkeit«. Das war auch der Originaltitel des Werkes. Der schönere, traurigere.

Mitte der Sechziger hat sich Jan Johansson das Lied zu eigen gemacht, in einer Instrumentalversion, auf seinem Erfolgsalbum *Jazz på svenska*. Es wurde Schwedens meistverkaufte Jazzplatte aller Zeiten, und ganz Schweden hat es in sein gemeinsames, großes Musikherz geschlossen. Johansson war damals einer von Schwedens bedeutendsten Komponisten und schrieb viel Filmmusik, unter anderem die Melodie von »Hier kommt Pippi Langstrumpf«.

In der Bibliothek von Solna hat er 1968, nachdem er vom Publikum um das Lied gebeten wurde, klargestellt, dass er es dort ein letztes Mal spielen würde, das Lied aus Utmyra, »arrivederci«, Lebwohl.

Wenige Tage später kommt Johansson bei einem Autounfall ums Leben, nur 37 Jahre alt.

Ich schalte das Radio aus und steige bei den kleinen, grauen Häusern aus dem Auto. Das Land außerhalb der Welt ist so gewaltig und still. Die Bachstelze hat sich in ihrem Nest über dem Fensterblech niedergelassen und ruht sich aus, den Kopf unter einem Flügel verborgen.

Hier herrscht eine Stille, man kann sie deutlich spüren. Die Einsamkeit ist noch nicht erschienen.

Arbeit und Vergnügen

Die großen Feiertage sind jetzt zu Ende, bald wird der Februar in den März übergehen. Das Licht tastet sich heran, und viele kommen bei seiner Rückkehr zur Ruhe. Ab und zu ist so wenig nötig…

In diesem frühen Spätwinter füllt sich der Parkplatz von Koppång mit richtigen »Winterautos«. Mit Allradantrieb, Spikesreifen und Dachbox des neuesten Modells. Farbenfrohe Ausrüstung liegt wild durcheinander. Aber die meisten Spätwinterleute auf dem Parkplatz wenden sich vom Dinglichen ab und schauen hoch zur zaghaften Sonne, blinzeln, öffnen den Mund und lachen den vorsichtigen Strahlen zu, die hinter den Bergen im Südwesten hervorkommen.

Am Moor entlang nach Westen flattern einige Farbsilhouetten vom Parkplatz her über den Schnee, wie vom Wind eingefangene Plastiktüten. Gerade jetzt, einige Stunden vor dem Mittagessen, trägt der Schnee am besten. Scharfe Skikanten zischen über Schneekristalle. Das Hochland erreicht hier, 650

Meter über dem Meer, seinen höchsten Punkt. Bis weit in den Mai hinein kann der Boden schneebedeckt sein, für allerlei winterliche Freiluftaktivitäten.

Etwas weiter vorn steht ein älterer Minibus, ein Modell aus den 80er Jahren. Damals waren die Formen noch etwas abgerundeter. Mattschwarz, handbemalt und absolut abweichend vom aktuellen, stilistischen Farbschema. Die Busseiten sind mit halbmetergroßen Holzblenden versehen. Drei auf jeder Seite, in zwei Reihen. Hinter dem Bus steht ein Mann und ist mit seiner Ausrüstung beschäftigt. Gelbliche, weiße, graue und mehrfarbige Hunde dösen im Schneetreiben vor sich hin und warten. Sie sehen so ungeheuer routiniert aus, als wüssten sie genau, dass sie bald an der Reihe sein werden. Ein sonniger Tag im Gespann. Ein Tag der Arbeit und des Vergnügens, wie viele andere auch.

Ich gehe zu dem Bus und frage den Mann, der mit dem Rücken zu mir steht, ob ich die Hundeschar im Schneetreiben fotografieren darf. Er schaut auf, nickt, zeigt auf die Tiere, sagt aber nichts weiter. Auf der Rückseite des Busses sind Aufkleber von allerlei europäischen Wettbewerben und Veranstaltungen. Und ganz oben ein größeres Logo: Es zeigt zwei Schnauzen, vier Ohren und einen Himmel, der in den drei Farben des Landes gefärbt ist, grün, weiß und rot.

Metall klappert, als er sich an Trinknäpfen, Ketten und Karabinerhaken zu schaffen macht.

»How come you are in Koppången?«, frage ich.

»Just a quick-stop and a run for the dogs.«

Er erzählt mir, dass er gleich heute Abend nach Jämtland weiterfährt. Morgen beginnt die Weltmeisterschaft im Schlittenhundefahren in Åsarna. Eine Tour über Koppångens viele Kilometer langen Moore ist so eine Art Feinschliff vor dem WM-Wochenende.

Aufgrund des wärmeren Klimas und des immer häufiger auftretenden Schneemangels in Frankreich und Italien ist der Wettbewerb in nördliche, schneesicherere Regionen verlegt worden. Der hiesige Polarhundeklub ist wegen seiner gut vorbereiteten Pisten bekannt, auch bis weit in den Süden. »Mitten hinein in das Reich der Wildnis«, wie die Gemeindeleitung mitteilt, in ihrem Profil über die weite Moorwinterlandschaft.

»Die Reiche der Natur sind zum Nutzen des Menschen geschaffen.« Das war auch Linnés Weltbild, ein Weltbild, das als physiktheologische Einstellung dem eigenen Lebensumfeld gegenüber bezeichnet wird. In diesem Sinne ist es zu einer moralischen Pflicht für die Menschen geworden, die natürlichen Ressourcen auszubeuten, aber auch, sich Wissen über sie anzueignen und zu ergründen, wie sie am besten genutzt und den menschlichen Bedürfnissen dienstbar gemacht werden können.

10. Oktober 1732. Im Spätherbst kehrt er zurück. Er hat sich mit einer großen Portion småländischer Hartnäckigkeit bis zum nördlichen Kvikkjokk hochgekämpft, einem kleinen Ort in der Nähe von Jokkmokk, unmittelbar oberhalb des nördlichen Polarkreises. Danach weiter durch den schwedischen und finnischen Teil Lapplands und schließlich langsam südwärts durch das Küstenland von Österbotten und entlang der finnischen Küste bis Åbo. Er segelte sodann über Åland zurück und ging in Grisslehamn in Schweden an Land, um das Studentenwohnheim in der Gelehrtenstadt Uppsala zu erreichen.

Er erklärt, unter dem relativ geringen Aufsehen, das die Rückkehr des jungen Mannes erregt, dass er im Norden in die »tiefe Innerei« der Erde geschaut, über das »Ende der Welt« hinweggesehen und versucht habe, sowohl »Winter als auch Sommer an ein und demselben Tag zu erleben« ... Eine samische Tracht und eine Zaubertrommel hat er mitgebracht, als eine Art exotisches Souvenir. Dinge, die später bei seinen Vorträgen von Nutzen sein konnten, während der beginnenden schwedischen Aufklärungszeit. Im Auftrag der Regierung hatte er nun eine ökonomische Analyse der nördlichsten Region Schwedens durchgeführt, der Menschen, der Natur und der noch ungenutzten Rohstoffe. Alles wurde in seinem Notizbuch festgehalten. Kleine und große Gedanken und Ideen zu Rohstoffen, die in großem Ausmaß den Menschen im ganzen Land zugutekommen sollten. Es gab reichlich Fisch, die Wälder waren weitgehend ungenutzt, und die reichen Vorkommen an Erz und Mineralien hatte er auch gesehen. Aber die Moore …

Drei Prozent der gesamten Landfläche auf der Erde bestehen aus torfbildendem Moorboden. Die Forschung weiß inzwischen, dass diese nur drei Prozent doppelt so viel CO_2 binden wie alle Bäume und die gesamte Waldbiomasse der ganzen Welt zusammen. Mit anderen Worten: Die Moore sind unser mit Abstand größter CO_2-Speicher, abgesehen von den Meeren. Und nach dem heutigen Wissensstand bedeutet das, dass der wichtigste Nutzen der Moore darin besteht, nichts zu tun. Oftmals ein irrationaler Widerspruch zwischen der menschlichen Moral und dem physiktheologischen Ansatz, damals wie heute.

Ein wenig kann zur Renaturierung beigetragen werden, was auch in vielen Teilen des Landes geschieht. Die von Gräben durchzogenen Moore, die früher bei der Moorkultivierung als eine Art ständig nachwachsender Heuschober unersetzlich waren, werden nun in vielen Fällen nicht mehr landwirtschaftlich genutzt, sondern nach und nach in Waldgebiete umgewandelt. Ein höheres Grundwasserniveau verhindert

den Transport von Sauerstoff in die Torfmasse. Wie Würmer, die im Kompost mampfen, setzt so der Verbrennungsprozess des Sauerstoffs ein. Bei der Kompostierung wird Kohlendioxid freigesetzt, eines der wichtigsten Treibhausgase. Gelingt es jedoch, die Moore dauerhaft feucht zu halten, bleibt aller Kohlenstoff gespeichert, wie in einem von der Natur bereitgestellten Endlager.

Die Hunde stehen zu Paaren hintereinander aufgereiht. Jetzt mit einer ganz anderen Einstellung dem Leben gegenüber als noch zehn Minuten zuvor. Sie alle heulen, rütteln und zerren an dem kleinen, wackelnden Schlitten des Mannes. Sie werfen die Köpfe hin und her und kratzen auf der harschen Schneekruste. Die Menschen zwischen den umstehenden Autos haben ihre Blicke von der Sonne weg gesenkt, um durch ihre Handykameras den auflodernden Eifer und die Lebensfreude der Hunde wahrzunehmen.

Der Mann nimmt den Fuß von der Bremse. Mit einem kräftigen, konzentrierten Ruck werden alle Gurte und Schnüre angespannt. Und dann sind sie schon erstaunlich weit weg. Der Fahrer und die Hunde nehmen die letzten, flackernden Sonnenstrahlen ins Visier, weit hinter den Bergen.

Die Dunkelheit bricht herein, und die Lichter der zurücksetzenden Autos malen rote Muster in den Schnee. In aller Eile wird der Parkplatz verlassen. Der schwarze Wagen des Italieners steht trist und allein, in diesem ganz und gar leeren Land.

Was hier von Bedeutung ist, kann in unserer Zukunft das Gegenteil von Entwicklung und Wachstum sein. An welchem Ende beginnt der Mensch mit dem Nichtstun?

Wühlmausnacht

Gestern habe ich im Holzschuppen mit dem Frühjahrsputz begonnen, mit einer spürbaren Fülle von Energie. Habe alten Dreck, Schmutz, Tannennadeln und Laub hinausgefegt, die sich irgendwie durch Dachritzen und unsichtbare Spalten eingeschlichen hatten. Habe abgebrochene Axtstiele, zerschlagene, vom Wind heruntergewehte Dachziegel und andere Dinge weggeworfen, die zur späteren »Verwendung« hier abgelegt worden waren. Danach war der Schuppen leer und stockdunkel. Die schwachen Strahlen des Februarlichtes gaben sich alle

Mühe, die ärgste Finsternis aus den dunkelsten Winkeln zu vertreiben.

Weit hinten im Schuppen blitzt das silberglänzende Schwert der Kettensäge auf. Als ich die Maschine anhebe, sehe ich, dass der Boden darunter in einem Umkreis von einem halben Meter hell, holzrein und wie frisch gescheuert aussieht ... Als hätte dort jemand gearbeitet, rundherum mit Bürste und Seife. Ich beuge mich hinunter, um mir die Oberfläche genauer anzusehen. Und entdecke winzig kleine Bissspuren von winzig kleinen Zähnchen. Dieses Phänomen bleibt ein Fragezeichen, wie ein Rätsel vor dem verzogenen Türrahmen des Holzschuppens. Ich setze mich mit dem Rücken zu ihm und lasse einige zaghafte Sonnenstrahlen herein.

Jenseits meiner Gedanken dort am Türrahmen, hinter den Umrissen des großen Waldes, sammelt ein Holzvollernter seine Kraft. Er brüllt, knurrt, faucht und lärmt. Ich weiß, wie das zusammenhängt, der Wald hier wird weniger und weniger. Fast jedes Jahr sind sie hinter den Konturen an der Arbeit und roden in dem ohnehin schon spärlichen Bestand immer weiter aus. Beinahe jedes Jahr kommen sie wieder, hinter den Horizont, und fällen und lichten den ohnehin schon so spärlichen Wald.

Undefinierbare Partikel wirbeln im Licht umher, bahnen sich ihren Weg, fort aus dem Graukalten, Eingeschlossenen. Man muss vorsichtig sein, wenn man den Staub aus einem Holzschuppen einatmet. Das hat der Reporter vom Sender *P4 Jämtland* heute im späten Nachmittagsprogramm gesagt. Nördlich des Dalälv ist das Wühlmausfieber (eine meldungs-

pflichtige Hantavirus-Infektion, die durch Wühlmäuse übertragen wird) inzwischen keine seltene Frühlingsinfektion mehr.

Die kleine, konkurrierende Graurötelmaus ernährt sich im Winter ausschließlich von Blaubeergestrüpp. Doch jetzt, wo Biotope aus Nadelwald und Blaubeeren durch zunehmende Kahlschläge mehr und mehr verschwinden und es der Graurötelmaus zusehends schlechter geht, wachsen Anzahl und Populationen von Wühlmäusen. Und nur diese sind Träger des Virus. Vermutlich sind sie inzwischen die in Europa am häufigsten auftretenden Säugetiere. Sie erobern den Wald und die Stadt, und das Wühlmausfieber tritt zusehends häufiger auf. Im Moor, unter der Schneeschicht, kreuzen sich die Spuren zwischen ihren Wohnlöchern wie Gänge, die zu Geheimkammern führen. Im Sommer kann man dann Hummeln beobachten, die dankbar herumsummend diese Gänge für ihre eigenen Behausungen übernehmen. So wollen wir, dass die Natur funktioniert.

Als ich den Deckel zum Öltank der Motorsäge öffne, um die Kette zu schmieren, ist der Tank gähnend leer. Tropfen für Tropfen ist leise herausgeflossen. Tropfen für Tropfen ist aufgesaugt worden, durch kapillare Kräfte in das trockene Holz des Fußbodens. Normalerweise verwende ich irgendein Pflanzenöl, das im Baumarkt verkauft wird, doch beim letzten Mal war es gewöhnliches Leinöl ... Es muss die Notversorgung für die Wühlmäuse, ein dringend benötigter Energiezuschuss in den schlimmsten Nächten gewesen sein, in denen die Kälte zwischen den gefrorenen Brettern am lautesten schlug. Auf der verzweifelten Suche nach Fett und Energie haben sie den

Boden meines Holzschuppens geleckt, genagt und geknabbert, dass er strahlend und hell glänzt. Es gibt den Begriff der Ökosystemdienstleistung, und sowohl ich als auch die Hummeln sollten ein klein wenig dankbar sein.

Und es fällt auf, dass es hier jetzt mehr Wühlmäuse gibt. Im vorletzten Jahr wohnte ein Wiesel im Holzschuppen. Ich sah seine Losung hier und da, an den seltsamsten Stellen. Es hatte sich durch die Bretterwand hereingenagt. So eifrig war es, den Holzschuppen als sein neues Reich zu übernehmen. Seine Anwesenheit reduzierte in jenem Jahr die Anzahl lebender Wühlmäuse auf exakt null. Es bewahrte sie allerdings auf, wie beiseite geschaffte Fellpakete zwischen den Holzstapeln. Nun ist das Wiesel verschwunden, seit dem Herbst. Und die Wühlmäuse sind zurück. Tauchen auf, lebendig und tot.

Zu Beginn des Winters, während der Wolfsstunde, war das im Haus eine erweckende Überraschung. Ich wurde im Schlaf von einem leisen, aber anhaltenden Geräusch gestört. Als ob sich irgendwer die Hände wusch. Ein Klang wie Wasser in Bewegung. Die Kinder schliefen. Die Hunde schliefen. Ein andauerndes Plätschern. Das Wasser schwappte zehn oder zwanzig Minuten lang umher, mindestens.

Auf nackten, kalten, steifen Winterbeinen stapfte ich zum Eingang, durch die Küche. Das Geräusch kam vom Fußboden. Unten, unter dem Küchentisch, im gutgefüllten Wassernapf der Hunde, schwamm eine Wühlmaus. Immer wieder im Kreis herum. Ohne Halt zu finden, mit ihren dünnen, haarlosen, gespreizten Fingern am glatten Rand des Blechnapfs. Ich hockte mich hin, nahm die Wühlmaus in die Hand, hielt sie dort fest. Sie sah aus wie ein lieber, müder und nasser kleiner Hund. Ihr Fell tropfte, als ich ihren Kopf hervorlugen ließ, zwischen Daumen und Zeigefinger.

Ich, nur in Unterhose bekleidet, versank in Gedanken. Während die Wühlmaus tropfte und tropfte. Musst du sterben, wenn ich dich in die eiskalte Winternacht hinauslasse? Mit dem Küchenhandtuch reibe ich den winzigen Hund trocken. Steige in meine Stiefel, wir gehen hinaus zur Säge, in die finsterste Ecke des Holzschuppens.

März

Dienstag. März. Nicht mehr als das. Über der offenen Oberfläche des Moors kann nur Frau Specht ein bisschen Aufmerksamkeit erregen. Mit mütterlicher Fürsorge hat sie mit ihrem langen Stemmeisen von Schnabel gearbeitet. Seit einem Monat macht sie das schon, zumeist am Vormittag. Womit sie sich danach, bis zur Dämmerung, die Zeit vertreibt, wissen allein die Sterne. Der Ewigkeitsbaum hat als Resonanzschale fungiert, hier in der Wildnis. Knackend, hackend hat Frau Specht mit ihrem schwarzen Köpfchen Holz und Kiefernrinde in großen, platten Flocken gelockert. Ihr langer, gestreckter Hals lässt sie aussehen wie eine prähistorische Baumechse, hierhergebracht aus einer Zeit, die einmal gewesen war. Sie ist nach dem benannt, was sie tut: *Dryocopus martius,* »beharrlich mit Holz arbeitend«. Dry stammt vom griechischen *drús* für »Baum«, copus von *kópos,* »hacken«. Frau Specht ist das dem römischen Kriegsgott Mars geheiligte kleine Hacke-Tier. Heute scheint sie mit ihrer neuen Behausung fertig geworden zu sein. An einem Tag, an dem die windstille norrländische Savanne von 20 Zentimetern leicht zu verformendem Kristallschnee auf einer harten Kruste bedeckt ist. Es gibt kaum einen Widerstand. Der Schnee streichelt zischend und pfeifend über das Leder der Stiefel. Poliert sie sauber und blank, wie für eine Militärparade vor der Pracht des Königpalastes.

Es dauert ungefähr 30 Minuten, das Moor zu durchqueren. Frau Specht wippt, schaut, und die Stiefel knirschen. Sie selbst legt die gleiche Strecke in weniger als einer halben Minute zurück. Aber da ist etwas auf der gegenüberliegenden Seite des Moores, das nun meine Aufmerksamkeit erregt. Es könnte vielleicht der erste Frühlingstag sein, aber es ist auch noch etwas anderes, wie die Tatsache, dass das Atmen heute leichter fällt. Als ich mich ihrem Baum nähere, blickt Frau Specht auf. Mit ihren hellen, kleinen, glänzenden Augen versucht sie mich zu lesen. Aus der Nähe sieht man deutlich ihre kleines rotes Käppchen, das sie tief in den Nacken gezogen hat.

Auf meinem Weg zu diesen Baum habe ich, bestimmt ganz unbewusst, einige Knospen von den strauchartigen Figuren der Zwergbirke, *Betula nana*, gerissen. Schwarze Knospen, die ich zwischen den Fingerspitzen zerreibe. Sie färben sich hellgrün. Blinzelnd wende ich mein Gesicht den zaghaft wärmenden Sonnenstrahlen zu. Halte meine Finger an meine Nase. Versuche, das Richtige zu finden, im Register der Düfte. Es riecht nach Mittsommer. Und nach Bastelunterricht. Und wonach noch? ... Nach etwas, für das ich keine Worte finden kann.

Weiter gehe ich, mit pfeifenden Schritten, auf etwas zu, von dem ich nicht weiß, was es ist.

Stjärnorna har slocknat
Jag kan lova de finns där
Och de hjälper oss att leva
I en hård och grå, kall värld
Så jag höjde upp min blick där jag satt
mot en plats bortom månen och Mars

Die Sterne sind erloschen
Ich kann versprechen, dass sie da sind
Und sie helfen uns zu leben
In einer harten und grauen, kalten Welt.
Also hob ich meinen Blick, von dort wo ich saß
Zu einem Ort jenseits von Mond und Mars

Per Persson: Bortom månen och Mars (Jenseits von Mond und Mars)

FRÜHLING

Frühzeitiger Urlaub

Sitzend in einem schaukelnden Bus in Richtung Norden zwischen Ljusdal und Sveg, den zentralen Orten von Hälsingland und Härjedalen, summe ich einen alten Schlager vor mich hin. Die Federung des Busses pfeift auf dem letzten Loch mit, deshalb sind die Bewegungen des Busses unförmig, schwanken wie über einen wippenden Moorboden. Die Sonne bahnt sich ihren Weg zwischen die weinroten Sitze, wo die Staubkörner tanzen. Ich habe darum gebeten, etwa auf der Mitte der Strecke abgesetzt zu werden.

Der Mann im Bus auf dem Sitz neben mir ist zufrieden. Das macht er deutlich, indem er mit mir, seinem unfreiwilligen Fahrtgenossen, in einem fröhlichen, frühlingsmunteren Ton redet. Sagt, dass er in diesem Jahr früh Urlaub genommen hat. Dass es dabei einen wesentlichen Vorteil gibt, der aus unerfindlichen Gründen allen anderen vernunftbegabten Menschen entgangen ist. »Das Schöne liegt im Neuen.« Er erklärt, dass er seine eigene Zeit gefunden hat, die von Ende Mai bis Mittsommer. Ich stehe auf und bitte um Entschuldigung, während ich zugleich auf den roten Knopf zum Aussteigen drücke, dem Fahrer zuwinke und mich zum Aussteigen bei Tönningfloarna im östlichen Härjedalen bereit mache. Ziehe Jacke, Mütze und Rucksack an, während ich im Gang beim plötzlichen Bremsen des Busfahrers balanciere. »Ich mag den Herbst am liebsten«, antworte ich dem Frühjahrsfan. Er wendet sich ab, schaut aus dem Fenster, als ob er meinen Blick nicht länger erwidern wollte. Das hier ist keine richtige Haltestelle, eher eine gerade schwarze Landebahn in einem flüssigen weißen Moor. Ich nicke dem Fahrer zu, der nichts als Freundlichkeit, Wärme und Verständnis ausstrahlt, genau wie dieser Tag am Ende des grünenden Mai. Er sagt: »Hier steigt sonst aber nie irgendwer aus…« – »Danke, alles gut«, erwidere ich etwas zu spontan und schroff. Um klarzustellen, dass das hier mein ausdrücklicher Wunsch ist, beende ich den Austausch mit »dann noch schönen Sommer und Urlaub«. Der Sitznachbar sagt nichts, schaut nur die Moorkiefern draußen an. Der Fahrer sagt auch nichts, lächelt aber weiterhin strahlend, freundlich und warm. Der Bus seufzt, als sich die hydraulische Tür hinter meinem Rücken schließt. Er ahnt sicher die vertrauten Hänge hinter der Anhöhe weiter vorn. Es ist wohl kurz nach neun Uhr, morgens. Mücken und Schnaken sind noch schläfrig und schwach. Schon wenige Sekunden nach meinem Eintreffen im Moorland haben sie meine Anwesenheit registriert, wirken in ihren langsamen Bewegungen aber seltsam unbeholfen.

Die Moore hier sind eine zerklüftete, fast 1000 Hektar große Landschaft. Hier und da werden sie von Waldkorridoren durchschnitten. Farben fehlen noch vollständig. Das Gras ist von hellem Gelbweiß und liegt noch zusammengepresst da, drückt sich gegen die dunkle Nässe des feuchten Moorboden. Ein schnurgerader Entwässerungsgraben zieht sich wie ein schwarzer Strich durch das Helle, sich endlos Wellende. Erst vor einigen Wochen, vielleicht auch nur einer Woche, lag hier noch eine mehrere Dezimeter dicke Schneedecke. Einige helle Schneeflecken sind noch geblieben, begleitet von den dunkelsten Schatten.

Länsstyrelsen, die Bezirksregierung, hat diese Gegend als wertvolles Gebiet innerhalb der EU eingestuft und, im Hinblick auf den großen Artenreichtum der Tier- und Pflanzenwelt und die einzigartige Kulturlandschaft mit historischen Überresten, das Biotop zu einem *Natura-2000*-Gebiet ernannt. Eine Maßnahme, die die langfristige Existenz garantieren soll, unabhängig von Änderungen in der Politik und Schwankungen in den Besitzverhältnissen. Das ist großartig. Das finden auch die Vögel. Sie pfeifen munter und zufrieden um mich herum, als ich meine ersten platschenden Schritte ins Moor mache. Die Knospen an den Birken sind etwas größer als Mäuseöhrchen. Vielleicht balzen die Raufußhühner noch. Das riesige wogende Hinterteil des Busses verschwindet hinter dem Hügelkamm.

Ich habe mir von der Website der Bezirksregierung eine Landkarte ausgedruckt. Das Moor erstreckt sich in Nord-Süd-Richtung zwischen der Hauptstraße und dem Fluss Vemån. Entlang des Flusses steht auch eine Reihe alter Wald- und Heuhütten. Drei davon entdecke ich in Gestalt von drei schwarzen Punkten auf meiner Karte. Ich schaue hoch zur Sonne, die mir Orientierung gibt, und steuere den mittleren der Punkte an, die Grimsvallshütte. Fange schwappend an zu gehen. Und während ich so gehe, denke ich an Bodil Malmsten.

Vi som lever
Är bara döda på semester
Nån sorts sommargäster

Wir, die wir leben
Sind nur Tote im Urlaub
Eine Art Sommergäste

Bodil Malmsten: Ett bloss for moster Lillie

Heimweh

Die Frühjahrsflut ist brutal. Sie schreit wie ein wütender, rachsüchtiger und betrogener Junkie auf seinem wahnwitzigem Amoklauf durch die Stadt. Wir anderen treten zwei Schritte zurück und spähen hinter einem schützenden Gebüsch hervor. Trotzdem fühle ich mich nicht richtig in Sicherheit. Dort, wo ich stehe und schaue, steigt auch mir das Wasser bis über die Knöchel. Dort gibt es kein Leben, nur Nässe und einsame Kälte. Kann man es wagen, sich zu zeigen? Einen Vogel entdecke ich, aber auch er traut sich nicht, etwas zu sagen, er schaut nur kurz von seinem Zweig auf uns herab und ergreift dann die Flucht. Die kleinen Mücken sind gesellig, immerhin, und plagen mich mehr als nötig. Drüben, auf der anderen Seite des Moores, steht die Waldhütte, noch immer warm. Dort gibt es Brennholz, trockene Kleidung, etwas zu essen, ein angefangenes Buch und ein Telefon. Heute Abend werde ich zu Hause anrufen oder zumindest eine SMS schicken …

Meine Versicherung hat vielleicht geglaubt, ich fühle mich einsam. Schickt mir eine Mail in die Hütte, heute Morgen, als ich beim Kaffee sitze. Wollte bei der Gelegenheit über ihre neue Zusammenarbeit informieren. Und sicherstellen, dass

ich mich rundum versichert fühle. Das dominierende Bild auf dem Display ist eine schöne Frau von vielleicht 50, in einem blauen, grob gestrickten Pullover aus Lammwolle, der nicht besonders neu, sondern eher geliehen wirkt, geräumig weit und kuschelig warm. Sie schaut über die ihr vertraute Kulturlandschaft und wärmt ihre bloßen Hände an einer großen, dampfenden Tasse. Einige flachsblonde Haarsträhnen hängen ihr über die Augen und wiegen sich im Wind. Sie hat am Morgen wohl gebadet, deshalb ist ihre Frisur ein bisschen durcheinander. Ansonsten ist sicher alles in Ordnung bei ihr ...

In dieser Gegend hier, zu dieser Jahreszeit, vor 300 Jahren, ist Linné zum ersten Mal der norrländischen Landschaft begegnet. Vieles daran muss für ihn eine Überraschung gewesen sein. Eiskaltes Schmelzwasser, brennend wie das heißeste Heiß. Der Weg entlang der norrländischen Küste war anfänglich so schön gewesen.

Er schrieb denn auch an den Maiabenden ausgiebig, einführend und nachdenklich in sein kleines Notizbuch: »Nun wurde die ganze Natur immer farbiger und lachte, jetzt kommt die schöne Flora und schläft bei Phöbus« (dem Sonnengott). Was gingen da für Gedanken durch sein wissenschaftliches und abenteuerlustiges Ich?

Unglücksmoor, so hat er die Gegend in seinem Buch sofort genannt. Der Karte zufolge heißt es *Lycksamyran*, was eher nach Glück (= *lycka*) klingt, und es breitet sich mit seinen 2000 Hektar mächtig weit aus. Heute ist es ein besucherfreundliches Naturschutzgebiet bei Sorsele, mit einer Informationstafel, die an Linnés Besuch erinnert.

Der Name *Lycks* hat allerdings nichts mit Glück zu tun, sondern ist vermutlich abgeleitet vom samischen *Liksjoe*, dem »Ort, wo die Rentiere getrennt werden«. Der Name ist auch die ursprüngliche samische Bezeichnung für die »Stadt in Lappland«, *Lycksele*.

Abends saß ein samischer Ureinwohner bei Linné, in stummem Beisammensein. Wahrscheinlich hatte er einen Teil von Linnés Ausrüstung getragen und würde ihm die trockenste Wegstrecke weiter zu den Bergen im Westen zeigen. Er war sicher auch eine moralische Unterstützung und konnte bei nassem Wetter Feuer machen, in einer Landschaft, in der stürmisches, rauschendes Wasser abgelöst wurde von endlosem Eiswassermeer.

Dieser Führer erwies sich dann aber als eine Art eilig angeheuerter Stellvertreter ... Der zuvor ernannte und verdienstvolle Gefährte lag an den fraglichen Tagen krank in einer benachbarten samischen Siedlung. Die Enttäuschung stieg und war nun gewiss kniehoch, wie das viele Schmelzwasser rings um ihn. Seine frisch angeschafften Stiefel boten in diesem eiskalten Nass keinerlei Schutz. Der Maiabend kam Linné ohne Zweifel endlos lang vor, bevor die Dunkelheit dann doch hereinbrach und der Himmel sich in den frühen Morgenstunden mit herannahenden, düsteren, beängstigenden Wolken bedeckte.

In den Seggenrieden *(Sesleria caerulea)*, dem winterharten Gras in der Nähe der strömenden Fluten, hatten Eier aus früheren Jahren gelegen und gewartet. In einem simultanen Aufwachen schlüpften jetzt Stechmücken aus den Eiern, in ein freies, fliegendes Leben. Stechmücken, und vielleicht noch schlimmer, Gnitzen, die gern in Form von riesig großen Schwärmen in dichten, wolkenartigen Formationen auftreten. Diese *Sviare*, wie sie im Dialekt heißen, oder auf Latein, *Simulia reptans*, sind so klein, dass ihre Winzigkeit zu ihrem größten Vorteil und Erfolg im Leben geworden ist. Kein Vogel und kein größeres Insekt halten es der Mühe wert, sie zu jagen... Kleiner als ein Millimeter dringen sie durch Netze und schützende Kleidung. In die Kopfhaut, in Ohren, Nase, Mund und Augenwinkel. Dort werden sie zur Plage, derer man sich unmöglich erwehren kann. Sie greifen sogar die »großen« Stechmücken an, auf ihrer Jagd nach warmem Blut. Und lösen einen Wahnsinn aus, den keine lebende Seele für möglich gehalten hätte.

Sich zäh haltende Schauermärchen erzählen, dass die Bevölkerung im inneren Norrland sich »nackt ins Moor« legte oder sich zumindest im zeitigen Frühjahr freiwillig den heftigen Angriffen aussetzte, dass also Mücken und kleine stechende Insekten über sie herfielen und sie danach wie durch eine Schutzimpfung immun waren. In dieser Geschichte steckt ein kleiner Funken Wahrheit. Die weißen Blutkörperchen lernen leicht und lassen sich darauf trainieren, im Mückenspeichel allerlei Proteine zu erkennen. Dass Menschen in Gebieten mit hoher Mückendichte nach einiger Zeit besser zurechtkommen und keine mit Flüssigkeit gefüllten Pusteln davontragen, ist wissenschaftlich durchaus nicht von der Hand zu weisen.

2. Juni 1732. In der Nacht hängten die beiden Wanderer ihre Kleider zum Trocknen über lodernden Flammen auf. Aber der Wind kam von Norden. Kalt und hart schlug er den akademischen Körper des jungen Linné wund und rot. Die beiden brachen ihr erstes Lager ab und suchten sich eine neue, weniger windgebeutelte Stelle. Linné blieb allein, bei seinem kleinen Feuer und seinen großen Gedanken, in der eiskalten lappländischen Nacht.

»Ich fürchte mich davor, den Weg zurückzugehen, denn ich weiß, dass mein Körper weder aus Eisen noch aus Stahl besteht.«

In seiner ersten Autobiografie – er schrieb oder diktierte vier oder fünf – zeichnet Linné ein Bild von sich als jungem Mann: *Leichtfüßig, eilig, ging schnell, erledigte alles prompt, duldete keine Zuspätkommer, wurde leicht gerührt, empfindlich, arbeitete ununterbrochen, konnte sich nicht schonen …* Andere Personen aus seinem akademischen Umfeld vervollständigten dieses Bild mit eigenen Beschreibungen: *von kleinem Wuchs, offenherzig, liebte Scherze, Wohlleben und Glück, doch von grenzenlosem Ehrgeiz …*

Mehr als 200 Jahre später stellte der amerikanische Psychologe Abraham Maslow seine Theorie zur sogenannten Bedürfnispyramide vor. Ein Modell, das seiner Ansicht nach ganz einfach die Motivation der Menschen dadurch erklären konnte, welche Prioritäten sie bei den unterschiedlichen Bedürfnissen in ihrem Leben setzten. Die ersten und notwendigsten seien die rein physiologischen Bedürfnisse nach Nahrung, Flüssigkeit, Schlaf und Gesundheit. Darauf folgten sichere Wohnverhältnisse, eine einigermaßen ausgeglichene

Finanzlage und Vorhersagbarkeit im Alltag. In die Mitte der Pyramide stellte er die Bedeutung von sozialer Gemeinschaft, Familie und Freunden. An zweitoberster Stelle stand ein gutes Selbstwertgefühl aufgrund von Leistungen, Auszeichnungen und Aufmerksamkeit. Und ganz oben schließlich finden wir die Selbstverwirklichung eines jeden Individuums durch das Erfüllen der eigenen inneren Träume.

Eine Stufentheorie, die in gewisser Weise universell und selbstverständlich wirkt. Dass man zuerst die Grundbedürfnisse zum Überleben erfüllt, bevor man zur nächsten Stufe geht. In einem Alter von vielleicht 25 Jahren kann es jedoch verlockend wirken, die Stufen in der Reihenfolge anzugehen, die man selbst und für den Moment besonders reizvoll und angemessen findet.

Wonach suchte er, als er dort saß? War es die Abenteuerlust, die ihn an den Rand des Moorlandes geführt hatte? Suchte er irgendeine Form der Anerkennung durch die Universität und sein wissenschaftliches Umfeld? Oder fehlten ihm damals vor allem seine Freunde, das Stenbrohult seiner Kindheit und die warmen Mahlzeiten seiner Mutter?

Morgengebet

Heute ist es warmer Spätfrühling, mit einem ganz selbstverständlichen Sonnenschein. Im Land außerhalb der Welt hat sich aller Schnee an einen Ort verzogen, wo die Wärme nicht wohnt. Für viele andere ist jetzt eine Zeit, die nur zum Genießen da ist. Vor der sonnenwarmen Hüttenwand sitzt man behaglich in Hemdsärmeln. Und dankt dem lieben Gott für das Buch, denn es war gut.

Frau Specht ist jetzt fertig. Nach einem arbeitsreichen Frühlingsmonat hat sie sich, wie viele andere, zur brütenden Ruhe gesetzt. Dies ist nun ihre Zeit, eine Zeit des Ausruhens und Nachdenkens. Zwei Eier hat sie gelegt. Das ist nicht viel, aber es sind neue Leben. »Alles Lebende aus dem Ei«, wie Linné sagte, als er die Theorie vom Ei als übergeordnetem Symbol der Natur begriffen hatte. Als er viele Jahre später, 1757, in den Adelsstand erhoben wurde, setzte er das Ei in die Mitte seines nicht allzu auffälligen Wappens. Das Ei und das Moosglöckchen, *Linnaea borealis,* gefolgt von einer gewundenen Textzeile: *Fanam extendere factis,* den Ruhm durch Taten mehren.

Die Spechtdame im Baum wird in den alten Orten im Westen Gertrud genannt. Vielleicht ist dieser Name in den letzten Jahren eher selten geworden. Ich googele aufs Geratewohl im Handy, um darauf eine Antwort zu bekommen. Vier neugeborene Mädchen bekamen im vorigen Jahr diesen Namen. Zwei mehr als im Jahr zuvor. Im neuen Nest liegt sie müde in ihrem schwarzen Kleid, hebt ihr rotes Köpfchen und bebrütet die perlmuttweißen Eier.

Zu Anbeginn der Zeiten wandelten der liebe Gott und der heilige Petrus auf den Pfaden der Erde umher, auf der Suche nach etwas zu essen. Vielleicht war es der Duft von frisch gebackenem Brot, der sie zu Gertruds schlichtem Bauernhaus führte. Im Kamin knisterte das Feuer, und das Leben war gut. Zu Gertruds Überraschung wurden ihre Brote allesamt ungewöhnlich groß und schön. Egal, wie klein die Klumpen waren, die sie vom Teig brach, im Ofen wurden sie zu großen, schweren, goldenen Broten. Der liebe Gott klopfte sanft an die Tür des Hauses, trat ein und bat um einen Happen zu essen, um seinen und auch Petrus' wachsenden Hunger zu stillen. Aber die vielen schönen Brote hatten in Gertruds Geist eine Gier keimen und wachsen lassen. Sie verweigerte sowohl dem lieben Gott als auch Sankt Petrus das Brot. Forderte sie stattdessen auf, sich augenblicklich davonzuscheren, denn »da die Brote zu groß für euch sind, habe ich nichts zu geben«. Wer die Macht besitzt, im Zorn Verwünschungen auszusprechen, tut dies bisweilen auch... Gertrud wurde in ihrem kleinen Häuschen in einen Vogel verwandelt, auf ewig dazu verdammt, ihre Nahrung zwischen Rinde und Holz zu suchen. Ihren

ständigen Durst kann Gertrud seither nur bei Regenwetter stillen. Im Moment der Verwünschung flieht sie aus dem Zimmer, vor dem Zorn des Herrn, den Schornstein hinauf und davon. Nur ihr rotes Köpfchen entkommt dem alles bedeckenden Ruß. Als sie den Schutz des Waldes erreicht, ähnelt sie der, die sie jetzt ist. Sie klettert auf einen Baumstamm, wie die schwärzeste Krähe. Sie blickt zu ihrem Häuschen hinüber und stößt einen langen, heiseren Schrei aus, dem Regenwetter der ganzen Welt entgegen.

Aber nicht heute, nicht am ersten Tag des warmen Frühlings.

Stattdessen bleibt sie in den kommenden zwei Wochen in ihrem Bau, in Erwartung der neuen Kleinen.

SOMMER

Namen bei Nacht

Gegen Mitternacht blicken die Augen des Moores gen Himmel. Die Moltebeerflächen hier unten funkeln in glitzerndem Gold, der Nachthimmel dort oben funkelt in glitzerndem Silber. Die Entfernung zwischen ihnen beträgt fast drei Millionen Lichtjahre. Unglaublich weit weg. Und doch sind wir nächste Nachbarn, rücken immer näher zusammen, Tag für Tag, Minute für Minute. Segeln geradeaus, mit einer enormen Geschwindigkeit von 300 Kilometern in weniger als einer winzigen Sekunde. Angeblich werden wir in vier Milliarden

Jahren zusammenstoßen, ineinander aufgehen und miteinander verschmelzen, zu einer einzigen gemeinsamen und neuen kosmischen Galaxie. Wir und die Spiralgalaxie Andromeda.

Er sitzt einsam und wartend einen ganzen Tag am Rand des Moorlandes. Am Ende einer drei Wochen langen Wanderung hat er Lycksamyran bei dem kleinen Ort Gunnarn in der Gemeinde Storuman erreicht. Ein neuer Führer soll kommen ... Was macht er so lange? Beschäftigt sich damit, das Feuer zu füttern, zu den Sternen und den sichtbaren Galaxien hochzuschauen. »Das Schicksal ist hart«, schreibt Linné in sein Notizbuch. »Ein düsteres Moor mit unerreichbarem Wasser und die neun Flussschleifen des Styx versperren den Weg.« Hinter den gewaltigen Toren konnte er kein Land erahnen ...

Doch dann wird sein Zorn besänftigt. Vielleicht sieht er sie dort unten inmitten alldessen, das da kalt, finster und faulig ist. Sie ist an den steilen Felsen gekettet, als ob sie geradewegs aus dem Moormeer aufgestiegen wäre. Geopfert von ihrem Vater, König Kepheus, als Gabe für den zornigen Poseidon. Wegen ihrer unvergleichlichen Schönheit. Andromedas Mutter Kassiopeia hatte mit der Schönheit ihrer Tochter geprahlt, so sehr, dass Poseidon aus wilder Wut mit gewaltigen Wogen das Reich ihres Vaters überschwemmt und ein Meeresungeheuer an Land gesetzt hatte, das auf ewig dieses Ufer bewachen sollte.

Sie ist das Schönste hier im Moor. Zart, schwach, nackt und jungfräulich rosa, wie eine errötende Preiselbeerblüte. Zeus' Sohn, Perseus, der aus purem Zufall auf dem Rückweg von einer Heldentat vorbeigeflogen kam, entdeckt die angekettete Schönheit draußen auf dem Felsen im Meer… um die Rollenliste dieses Schauspiels zu verdeutlichen: Die Königstochter Andromeda ist die kleine rosa Blume (Sumpfrosmarin, *Andromeda polifolia*) in dem Büschel aus Seggengras *(Sesleria caerulea)*, dem winterharten Gras des Moores. Sie steht mit ihrem leicht gekrümmten, schwach rosa Hals und schaut hinab auf das aufsteigende Seeungeheuer (eine Echse oder vielleicht ein Wassersalamander). Und der Held Perseus… das muss Linné selbst sein. So, wie er vielleicht in jener Nacht seiner Fantasie freien Lauf lässt.

Das tat er oft, bei seiner Methode, den Arten neue Namen zu geben. Er zog sein Wissen über Mythen und Parabeln heran, um sich leichter erinnern und systematisieren zu können. Er benannte das Gewächs danach, wie es in seinen Augen aussah, womit er es assoziieren konnte, aber auch danach, ob es möglicherweise praktischen Nutzen in der Medizin oder in anderen alltäglichen Bereichen haben konnte. Er griff gern auf die griechische Mythologie und auf biblische Darstellungen zurück, er war immerhin ein Pastorensohn. Aber auch Freunde, Feinde oder seine Vorbilder konnten ab und zu gewürdigt werden, in Form von Artennamen für Pflanzen, Tiere und Gestein. Wie die schöne, schlichte und natürlich gelbe Rudbeckie, die er nach seinem Lehrmeister und Professor in Uppsala, Olof Rudbeck, benannte. Wahrscheinlich war es auch Olof, der Jüngere, der Linné zu dessen Norrlandsexpedition inspiriert hatte, da er selbst fast 40 Jahre zuvor auf Befehl Karls XI. eine ähnliche Reise unternommen und Lappland besucht hatte. Ein Land, das er als reich an Beeren, Fischen und Wild beschrieb. Aber weder mit Löwen noch mit Tigern. Ewige Weite, in der genauso wenig Krebse und Echos wie Adlige zu finden sind … Das hier ist das »Peru des Nordens«. Rudbäcks gesamtes Material *Lapponia Illustrata* war jedoch den Flammen des großen Brandes in Uppsala im Jahre 1702 zum Opfer gefallen.

Im Sternenlicht zieht er, vielleicht aus purer Tristesse, sein Jagdmesser aus dem Gürtel und beginnt, in eine mächtige alte Moorkiefer eine Inschrift zu ritzen. Seine Initialen C. L., für Carl Linnaeus (den Adelsnamen Carl von Linné erhielt er erst 25 Jahre später), gefolgt von einer kurzen, verschnörkelten Inschrift auf Latein. Eine Schrift, die beharrlichen Gerüchten zufolge noch bis ins 20. Jahrhundert hinein dort zu sehen war. Er war nicht der Erste und nicht der Letzte, der der Nachwelt einen schlichten Gruß in Gestalt einer Schnitzerei hinterließ.

Aber was hat er geschrieben?

Das Moor hat den Baumstumpf mit seinem riesigen nassen Rachen verschlungen. Dort unten ist die Schrift vielleicht noch erhalten. Für die Ewigkeit verborgen und bewahrt für eine zukünftige Welt voller Leben, auf einer langen und unvorstellbaren Reise.

Auf dem Weg weiter hinaus ins All, einem unbekanntem Ziel und einem hartem Schicksal entgegen.

Sie und er

Er wartet eine Weile am Feuer, wärmt sich die Finger. Dann geht er hinaus ins Moor. Das kurze, weiche Gras bewegt sich im leisen Zischen der Sense. Das Sensenblatt wimmert. Er mäht das Gras in schmalen Streifen. Dann muss er die Sense schärfen. Streicht die Wetzspuren von der Schneide. Fühlt mit dem Fingernagel, ob sie jetzt scharf ist? Schwingt die Sense wieder. Legt Strang um Strang Gras auf den Boden. Das Wasser plätschert: tjuck, tjuck, tjuck. Das Gras ist feucht, die Sense greift gut.

Schließlich bekommt er Gesellschaft. Helga bringt Essen und einen Heurechen. Schweigend kommt sie aus dem Wald hervor. Schweigend steht sie plötzlich da und bläst ins Feuer. Schweigend gibt sie ihm Kaffee. Schweigend schaut sie zu, während er isst. Dann nimmt sie den Rechen und beginnt, das Gras zusammenzufegen. Sie fegt es schweigend zu Kugeln zusammen. Sie folgt ihm: Schweigend geht sie dicht an seinen Fersen und sammelt das Gras, das er gemäht hat.

Sie ist feucht, bis hinauf unter dem Rock.

Björn-Erik Höljer: Mannen på Myren (Der Mann im Moor)

Das Buch ist jetzt ungefähr bis zur Hälfte gelesen. Es liegt mit dem Rücken nach oben, wie zu meiner Gesellschaft, auf der schmalen Pritsche, an der Wand der Grimsvallshütte, Tönningfloarna, im Osten von Härjedalen.

Der Hütte fehlen sowohl ein Unterstand für Vieh als auch eine Kammer zur weiteren Verarbeitung von Milch. Es ist eine Hütte für die Heuernte, die für Übernachtungen in weit abgelegenen Gegenden benutzt wird. Vielleicht vermittelte dieser Ort eine kleine Ahnung von Freiheit. Ein Leben auf dem Land in der vorindustriellen Gesellschaft bedeutete beengte Wohnverhältnisse, dicht an dicht, mit allen anderen aus dem Haushalt. Fortzukommen und mit sich selbst sein zu können, weit weg von den Arbeiten auf dem Hof und dem ewigen Einerlei. Die Frau war ein Wesen, das niemals ohne Arbeit in den Händen gesehen werden durfte. Hier in der Hütte konnte sie bei der Sommermahd oder beim Hüten des Viehs eine Weile sie selbst sein, in einer Lücke der Zeit.

Mehr Tiere und mehr Menschen auf allen Höfen und Hütten bedeuteten auch einen erhöhten Bedarf an Winterfutter für immer mehr Lebewesen auf dem Hof. Die meisten Menschen hielten Tiere. Große Teile von Norrland betrieben eine von Vieh dominierte Landwirtschaft.

Wenn das Studentenröschen (Sumpf-Herzblatt, *Parnassia palustris*) geblüht hatte, musste es losgehen, das konnte in den Tagen kurz vor Mitte Juli der Fall sein. Linné schreibt über die *Parnassia palustris*: »Die Blüten, Botinnen des Herbstes, verkünden, dass die Zeit der Mahd gekommen ist.« Vielerorts ist auch die Woche des heiligen Joel ein Startpunkt, sein Namenstag ist der 13. Juli. Die Mahd dauert dann bis Ende August oder Mitte September, was draußen in den eher primitiven und improvisierten Behausungen einen Zeitraum von fast zwei Monaten bedeuten konnte. Noch heute ist die Jo-

elwoche für viele eine Festzeit. In den abgelegensten Dörfern von Jämtland werden alte Feste gefeiert, Jahrmärkte werden aufgebaut, und es wird munter gezecht.

In vielen Fällen war das Gras der Moore in Norrland die Grundlage für die Existenz eines Hofes oder einer ganzen Ortschaft. Oft wurde draußen im Moor mehr als zehnmal so viel Heu gemäht wie auf den dorfnahen Wiesen, was vom enormen Wert der Moore zeugt. Und das, obwohl die Moore oft sehr abgelegen waren, weit weg von Haus und Hof. Manchmal bis zu 20 Kilometer vom Ortskern entfernt, wobei der Ertrag pro Fläche oft überaus mittelmäßig war, verglichen mit dem der herkömmlich bewirtschafteten Wiesen. Wenn bei jedem Sensenhieb sieben Halme fallen, lohnt es die Mühe, sagt ein altes Sprichwort …

Zudem wurde jedes Moor nur alle zwei Jahre gemäht. Geheut wurde normalerweise mit der Sense, auch wenn es auf größeren Höfen von Pferden gezogene Mähdrescher gab. Namen wie Tröskmyren, Dreschmoor, finden sich an mehreren Orten. Bei der Mahd im Moor wurden oft Sensen mit längerem Schaft als gewöhnlich benutzt, da das Moorgras leichter zu mähen war. Bei jedem Hieb war weniger Handkraft vonnöten.

Eine Schwinge aus Wacholder- oder Fichtenzweigen sammelte das Gras zu Strängen. Die Stränge wiederum wurden aufgehäuft und später in Scheunen oder auf Heureutern getrocknet. Während das Moorheu trocknete, fielen die Samen auf den Boden und wurden vom Wind weitergetragen. So schloss sich der Kreis des Lebens, bis zum nächsten Jahr.

Die Schnabel-Segge *Carex inflata* wurde nicht nur zu geringwertigem Futterheu verarbeitet. Sie wurde auch als Füllung in Schuhen verwendet, zur in diesen Breiten so notwendigen Wärmeisolierung. Eine Füllung, die Socken und Strümpfe ersetzte, bis weit ins 20. Jahrhundert hinein. Indem man das Schuh-Heubündel gegen einen Baum schlug, entfernte man die kürzesten Halme. Der weiße Teil der Halme, der dem Boden am nächsten gewachsen war, gab das weichste und begehrteste Schuh-Heu. Ein Trost, klein und wärmend, in dem großen, stillen Land.

Damit ein Moor den bestmöglichen Ertrag an Heu abwarf, waren umfassende Vor- und Nacharbeiten vonnöten. Der Boden musste gerodet, mit Gräben versehen und oft auch von nahe gelegenen Wasserläufen verschlammt werden. Durch Überwässerung des Moorbodens im Winter wurde verhindert, dass der Boden gefror. Man kann das mit der modernen Variante des Frühbeetes im heimischen Garten vergleichen, bei dem sich eine Eisschicht wie eine schützende Decke über die Bodenvegetation legt. Mineral- und kalkreiches Wasser aus den Bergen brachte zudem neue Nährstoffe und notwendigen Sauerstoff, was zu reicheren Ernten beitrug. Damit konnte auch die Wachstumssaison früher beginnen. Sauerstoffreiches Wasser regt zudem die Zersetzung von Torf und anderem organischen Material an, was wiederum Stoffe freisetzt, die dem Wachstum der Grasarten zugutekommen. Ein effektiver, aber zugleich ungeheuer arbeitsintensiver Einsatz. Große Moore wurden gemeinsam bewirtschaftet und im Rahmen der Flurbereinigung im späteren Teil des 19. Jahrhunderts zwischen mehreren Grundbesitzern aufgeteilt. Jede Parzelle wurde durch Axtmarkierungen an den Kiefern am Moorrand gekennzeichnet. Wir sehen sie noch heute. Die Bäume umschließen sie langsam.

Für viele war das Pferd das wichtigste und kostbarste Tier auf dem Hof. Es verlangte zudem feineres Heu. Jungrinder, Schafe und Ziegen gaben sich mit harten Gräsern, Schachtelhalm und verschiedenen Kräutern zufrieden. Auf den trockeneren Weiden und in den Rodungen um die Moore war ansonsten Drahtschmiele die dominierende Grassorte und wurde ebenfalls genutzt. Der Ochse fraß, was übrig blieb: größeres Seggengras, Flechten, Stroh, Espenrinde und was er sonst noch finden konnte.

Auch große Mengen an Laub und Rinde wurden gesammelt und für den Winter getrocknet. Birken mit ihrem wertvollen Laub wurden vor oder während der Mahd geerntet. Weiden und Ebereschen kamen so spät wie möglich an die Reihe. Wenn nötig, ergänzte man mit Erle, Espe und Traubenkirsche.

Etwa 50 Meter vom Rand des Moores entfernt steht eine einsame silbergraue, grobgezimmerte Scheune. Ein Futter-

schutz für Heu, gegen Rentiere, Elche und andere umherstreifende Tiere. Einige verdorrte Büschel liegen noch immer in den Ecken. Die Scheunen wurden so grob gebaut, damit das Heu leichter trocknen konnte. Es blieb hier bis zum Herbst und Winter und wurde dann mithilfe von Pferd und Schlitten geholt. Hatte man viel Heu, fuhr man zweimal. Das erste Mal im Dezember, wenn der erste Schnee gefallen war, aber noch nicht zu hoch lag, und das zweite Mal im März oder April, zur Zeit des festesten Harschschnees.

Die Scheune ist relativ groß und aus Rundhölzern errichtet, mit einer Längsseite von an die sechs, sieben Meter, und drei, vier Meter hoch. Ansonsten steht sie völlig leer im Grau, keine weiteren Spuren sind hier für die Nachwelt hinterlassen worden. Doch, als ich mich umdrehe und schon auf dem Weg nach draußen bin, entdecke ich über dem Fries der Vordertür einen Gruß. *M. J. Bergmann 1929 war hier und hat Heu geholt…*

Bis spät in den Abend hinein sind sie am Werk. Erst nach Einbruch der Dunkelheit geben sie auf. Er geht vor ihr her. Sie läuft mit schleppenden Schritten, hört er. Er selbst geht schwer vornübergebeugt. Sie sind von Kopf bis Fuß durchnässt. Die Kälte setzt ihnen zu. Er schaut hoch, wie wird das Wetter werden? Es ist sternklar. Dann wird es in dieser Nacht wieder frieren. Die grauen Hütten stehen still, warten stumm hinter dem Wald. Die beiden Menschen stehen noch eine Weile schweigend am Rand des Moores und bewundern ihr geliebtes Dorf.

Ihr könnt euch denken, dass er ins Bett fällt! Nach einer Weile kommt auch Helga. Sie schmiegt sich an ihn, so dicht, dass er sie spürt.

Björn-Erik Höijer: Mannen på Myren

Über Wege, Kühe und wie wichtig es ist, sich frei zu fühlen

Die Hütten des Moores sind beinahe alle zurückgelassen worden, für eine unbekannte Zukunft oder für gar keine Zukunft. Sie stehen dort, in ihrer leeren Selbstverständlichkeit. An ihren Wänden leuchten die Sonnenstrahlen noch immer hellrot, wärmen sie hinter den Feldern, die langsam zuwachsen und vom Grün der Nadelbäume gefressen werden. Vielleicht waren Einheimische aus dem Dorf dort, an einem freien Urlaubsabend. Haben eine Pelargonie in einen Topf gepflanzt und vor die Tür gestellt, haben tote Fliegen von der Fensterbank gefegt, die Rattenfalle geleert, Thermoskaffee getrunken und sind wieder nach Hause gefahren. Aber das Recht der Grundbesitzer, ihre Tiere im Wald frei laufen zu lassen, besteht weiterhin. In den hellsten Sommerwochen weiden hier und da Kühe, Schafe und Ziegen zwischen Hügeln, Bäumen und Hochmoor, wie es ihnen gerade gefällt. Der alte Viehtrieb vom Ortskern zu den Ställen im Moor ist heute nur noch eine nostalgische Erinnerung. Klebt hier und dort in Fotoalben, in Ortschroniken und in verstaubten Archiven. Jetzt fahren die Kühe mit dem Lastwagen oder mit Traktor und Anhänger in den Wald.

Hier, beim Gebirgsort Klövsjö, stehen die Autos entlang der Straße hinunter zum Ort in Reih und Glied. Daneben stehen die Menschen und tun es ihnen gleich. Sogar die Kühe ordnen sich ein und bilden einen langen, langsamen Karnevalszug hinab in die Talmitte. Etwa ein Dutzend schwarz-weißer

Tiere balanciert auf gespreizten Beinen über die asphaltierte Straße. Ihr Brüllen vermischt sich, schwingt sich zu einem einstimmigen Sommerlied empor. Unser Bus steht am Ende der Schlange und gibt uns von seiner Höhe aus einen guten Überblick. Die Tiere an der Spitze, schaukelnd, sehen mit ihren Lockenfrisuren ganz und gar unbesorgt aus. Als täten sie etwas Alltägliches und Sommerliches, etwas, das sie immer schon getan haben. Andere, weiter hinten, sehen dagegen verdrießlich und mutlos aus. Irgendwie wissen wir, dass die Tiere das Recht auf ihrer Seite haben. Wir wollen sie hinter schützende Zäune bringen. Sie aber wollen frei herumlaufen, grasen, im Schlamm am Waldrand kratzen und scharren. Sich in den Schatten der Nadelbäume legen oder wo immer es ihnen gerade beliebt und mit dem Schwanz die Fliegen von Mäulern und Ohren vertreiben.

Die Viehhaltung erreichte die nordischen Länder vor über 4000 Jahren. In anderen Teilen der Welt war der Auerochse schon vor mehr als 6000 Jahren domestiziert worden. Es ist wahrscheinlich, dass Auerochsen anfangs gezähmt wurden, um als Zugtiere zu dienen. Die ältesten Belege dafür, dass Rinder als Milchtiere genutzt wurden, finden sich in Ägypten und Mesopotamien, vor etwa 6000 Jahren. Seither spielen sie eine wichtige Rolle für Versorgung und Überleben der Menschen. In der heutigen Zeit vor allem für Milch-, Fleisch- und Biogasproduktion, in der Vergangenheit auch, um uns mit Därmen, Fett, Häuten, Fellen, Knochen, Horn und dem nährstoffreichen Abfallprodukt Dung zu versorgen. Man kann verstehen, dass ihre Anwesenheit schon immer eine wichtige

Rolle gespielt hat, auch in Hinblick auf den sozialen Status ihrer Besitzer. Theorien über die Eisenzeit legen nahe, dass Menschen Dach und Unterschlupf mit ihren »Haustieren« geteilt haben, in sogenannten Viehhausdielen, die einen Teil der damaligen Langhäuser ausmachten. Das altnordische Wort für Vieh *(fe)* war damals auch eine Bezeichnung für Reichtum.

Ganz hinten in der Schlange, mit einer Stimme voller Autorität, gibt sich jemand alle Mühe, den gemächlichen Status quo des Karnevalszuges zu beenden. Das gelingt ihr auch. Sie bewegt sich freundlich auf die Tiere zu und macht sich mit ausgestreckten Armen dreimal so groß. Sie redet mit den Kühen. Ich springe im Bus auf, gleichsam, um besser hören zu können ... Sie ermahnt die Kühe als seien sie ungebärdige Teenager kurz vor dem ersehnten Sommerlager. Einige Worte der Zurechtweisung in schärferem Tonfall, dann ein Lob in sanfterem Ton. Die Kühe laufen los, fallen aus der Reihe, galoppieren nach links, rechts und abermals nach links. Die am Straßenrand aufgestellten Menschen steigen wieder in ihre am Straßenrand aufgestellten Autos und fahren an mit Blinklicht und winkenden Scheibenwischern. Das ganze Regiment setzt sich synchron in Bewegung. Danach fügt sich die Leitkuh, oder Glockenkuh, wie sie auch genannt wird, wieder ein, weitere schließen sich ihr an, abermals in geraden, langsamen Reihen auf der asphaltierten Straße. Die Glockenkuh übernimmt erneut die Spitze des Zuges und führt uns zum ersehnten Ortskern, in dem Takt, den nur sie bestimmt.

Praktisch wurde aller Boden in Schweden unterhalb der unzugänglichen Gebirge, bei dem es sich nicht um eingezäunte Heuwiesen oder Ackerland handelte, früher als Weideland für Rinder, Pferde, Schafe und Ziegen genutzt. All diese ehemaligen Weideflächen sind heute Waldland, bepflanzt mit Nadelbäumen in Reih und Glied, oder bewachsen mit wild aufgegangenem Birken- und Espengestrüpp. Die Weidetiere, die wir heute haben, laufen auf Flächen, die in früheren Zeiten als Heuwiesen oder Felder genutzt wurden. Aber auch die alten Heuwiesen sind vielerorts zu Wald geworden. Vielleicht ist die eingestellte Waldweidewirtschaft, gemeinsam mit der ebenfalls aufgegebenen Heuernte, verantwortlich für die größte Veränderung natürlicher Biotope hierzulande während des gesamten 20. Jahrhunderts.

An den meisten Orten ist die Waldweidewirtschaft im Zuge der effektiven Rationalisierung der Landwirtschaft vollständig zum Erliegen gekommen. Nur noch in wenigen Bergdörfern bildet das Vieh einen pittoresken Einschlag im ansonsten routinierten Alltag.

Sehen sie uns deshalb so seltsam verdutzt an, mit ihren großen, tiefen und dunklen Brunnen von Augen?

Bis zum Ende des 19. Jahrhunderts wurde das eingezäunte Ackerland vor allem zum Anbau von Getreide und Gemüse und möglicherweise als Nachweide im Spätherbst genutzt. Die Ackerflächen in der Nähe der Höfe und auch diejenigen in den weiter entfernten Mooren wurden umzäunt oder auf andere Weise eingehegt, damit Kühe, Ziegen und Schafe keinen Zugang zu dem kostbaren Winterfutter hatten. Auf den eingezäunten Moorflächen wurde das Heu auf Reutern oder anderen Gestellarten getrocknet. Es war nicht ungewöhnlich, dass diese Anlagen große Scharen von Rentieren, Elchen, Hirschen und anderen herumziehenden Tieren anlockten. Ein schadhaftes Gitter konnte schnell zu schmerzhaften Verlusten von Sommermahd und Moorheu führen. Ein Vorrat, der oft bis nach dem Ende der Mahd liegenblieb, bis der Boden unter der notwendigen Schneedecke fest genug gefroren war, um mit Pferd und Schlitten befahren zu werden. Nur der Waldhase schaffte es, zu den duftenden Futterheureutern zu gelangen. In der mondhellen Winternacht nutzte er seine kleine Größe und bediente sich, ein wenig.

Als die Landbaumethoden modernisiert wurden und Kunstdünger seinen Einzug hielt, wurde die Waldweidewirtschaft mit ihren geringen Erträgen unnötig. Die ehemals wertlosen Waldflächen sind heute einem Produktionswald gewichen, dessen Fläche danach bewertet wird, welches Holzvolumen sie produzieren kann, um der stetig wachsenden Nachfrage der Papier- und Holzindustrie nachzukommen. Immer wieder wird die Forderung laut, auch im Wald Kunstdünger zu verwenden, um schnelleres Wachstum zur Befriedigung der immer größeren Nachfrage zu erreichen.

Gleichzeitig vollziehen sich unerwartete Entwicklungen für die heutigen landbesitzenden und viehhaltenden Bauern: Futtermittel- und Bewässerungsengpässe, monatelange Trockenperioden mit ausbleibender Mahd und steigende Zinsen und hohe Preise für Öl und Kunstdünger. Ob das dazu führen wird, wieder Vieh in den »kostenlosen« Wäldern weiden zu lassen, und welche möglichen neuen Interessenkonflikte sich daraus ergeben können, wird die Zeit zeigen.

Natürlich bleibt auch eine Waldweidewirtschaft in kleinem Umfang nicht ohne Auswirkungen auf den beweideten Boden. Es steht fest, dass es für die Tiere von Vorteil ist, sich in der variierenden Landschaft bewegen zu können, und dass unterschiedliches Weideland auch zu geschmacklichen Variationen bei Milch und Fleisch führt. Als Linné den Pfarrhof von Lycksele besuchte, auf seinem Weg hinauf nach Sorsele, war er verzaubert von der köstlichsten Butter, die ihm jemals angeboten worden war. Er schreibt in seinem kleinen Notizbuch, dass ihm »Pfarrer Gran eine Butter vorlegte, die gelb war von Farbe, fast ein wenig rötlich, wie Safran«, was ihm erklärt wurde mit dem Zugang der Kühe zu dem damals reichlich wachsenden Wachtelweizensorten.

Die meisten Grassorten werden von im Wald weidendem Vieh gefressen. Behaarte Hainsimse und allerlei Arten von Segge, Rot- und Weißklee, Löwenzahn, Wiesen-, Berg- und Waldsauerklee, spitzlappiger Frauenmantel und Breitwegerich.

Blaubeeren und Walderdbeeren. Und Pilze, vor allem verschiedene Arten von Pilzen. Was Laub angeht, so gibt es eine absolut unwiderstehliche Art, nämlich die Eberesche. Es folgen Weide, Birke und Espe. Tanne, Kiefer und Wacholderbüsche werden eher selten angerührt oder ganz verschmäht.

Von alledem sehen wir heute nichts mehr. Niemand sieht mehr eine Rentabilität im Hüten oder Bewachen von Vieh. Stattdessen haben wir jetzt Kühe mit GPS-Sender am Halsband, Geofencing ist die Entwicklung der Zukunft.

An einigen Stellen entlang der Straße hinunter zum Ort, und das sind nicht wenige, hat die eine oder andere Kuh etwas fallen lassen. Die Kuhfladen breiten sich auf der Fahrbahn zu großen matschigen Klumpen aus. Sie spritzen hoch und werden zu braunen Fleckenmustern auf unseren sorgsam polierten Sommerferienautos. Manchmal sammeln sich die Tiere in Gruppen und legen sich auf den sonnenwarmen Asphalt. Wenn sie sich nach einigen trägen Stunden dann erheben, sammeln sich die Kuhfladen zu braunen Dungfeldern, so groß, dass sie verkehrsgefährdend werden können, mit kräftig bremsenden, schlingernden Fahrzeugen in Folge.

So können sie sich an uns rächen, weil wir ihren Schwestern die Erinnerung an einen Sommer in Freiheit genommen haben.

Und die Bäume tragen deinen Namen

Die beiden Spechtjungen trainieren jetzt wie wild. Sitzen vielleicht 100 Meter voneinander entfernt und rufen einander etwas zu. Sie suchen den Kontakt, sind aber zugleich neugierig auf ihre frischgewonnene Selbstständigkeit. Sie bewegen sich von Baumkrone zu Baumkrone. Sinken zwischen den Wipfeln durch die Luft, als wären sie schwerer als andere Vögel, als wären ihre Krallen mit Steinen behängt oder als würden ihre Flügel ihnen die Tragfähigkeit nehmen, als wäre jeder Flügelschlag unzureichend … Vielleicht war auch das ein Teil von Gottes ewiger Strafe.

Hin und her senden sie ihre unsicheren, brüchigen Töne. Als wären sie auf der Suche nach einem einen eigenen, einzigartigen, musikalischen Klang. Bariton oder Tenor, nichts von alledem. Eher langatmig, ein bisschen klagend, mit nasalem Unterton. Am Anfang klingt es richtig, aber gegen Ende scheren die Töne aus und alles wird zu falschen Noten. Ist es nur ein instrumentaler Klang, oder wollen sie auch eine Botschaft vermitteln, einen Willen, ein Gefühl? Nein, im Moment sind sie einfach nur jugendlich begeistert von ihrer Fähigkeit, Töne zu erzeugen.

Ich bin matschig glucksend auf eine Art trockenere Anhöhe gewandert, umgeben von all dem Nass, dort, wo es auf der Kiefernheide Himbeer- und Blaubeergestrüpp gibt. Oder es ist vielleicht eine kleine erhabene Endmoräne, die geradewegs aus dem Wasser ragt. Kiefernstümpfe, etliche mit Brandspuren und andere versehen mit alten Nachrichten. Verkohlte Reste mitten im Moor sind nicht leicht zu erklären. Vermutlich ist hier der Blitz eingeschlagen. Die Spuren von Kommunikation sind leichter zu verstehen. Die Stelle hier liegt erhöht, wie eine Marzipanrose mitten auf dem Kuchen. Es ist die höchstgelegene Fichtenfläche von Halgonberget, zwischen Orsa und Rättvik. In jeder Richtung gelangt man zum Moor und danach zu Ställen, als brauchte man nur die Hand nach ihnen auszustrecken. Kleine, große, nahe und abgelegene. Die kleine Anhöhe wird zu einer Art Zentrum, durch ihre Lage, durch fließendes Wasser in Gestalt eines Baches und durch gutes Weideland mit Segge, Kräutern und Sauergrasgewächsen. Unter den Kiefernkronen kann man sich für eine Weile hinlegen. Eine Nachmittagsrast auf trockenem Boden. Vielleicht entfachten die Hirtinnen hier zusammen ein Feuer zum Kaffeekochen, bedeckten es dann mit Moos oder dem Baumpilz einer Birke, sodass sich der dicke Rauch dicht über den Boden schwebend mit dem Wind verbreitete und so die ärgsten Mückenschwärme vertrieb. Die Kühe spürten die friedliche Atmosphäre, die Ruhe, sie legten sich träge, schwanzschlagend, im Kreis um das Feuer. Dösten eine Stunde oder zwei. Vielleicht schauten sie hoch zu den Baumwipfeln und dachten an einen Herbst, einen Frühling und dahinter an eine ferne, zukünftige Freiheit.

Das Viehhüten im Sommer folgte alten Traditionen. Es war eine Tätigkeit für Mädchen in ihren jungen Jahren. Ungefähr von Mitte Juni bis Anfang oder Mitte August. Dann die Rückkehr zur dringlich wartenden Mahd zu Hause im Dorf. Danach, im Herbst, konnten sie nochmals für einige Wochen zurückkehren. Es war nicht ungewöhnlich, an die 70 Tage im Jahr auf den Weiden zu leben, in Hütten zu wohnen und das Vieh zu hüten. Melken, Hüten, Handarbeit, Käsen, Buttern, Kochen von Braunkäse und endloser Abwasch in kaltem Wasser. Jede war mit ihrer Herde allein, aber vielleicht versammelten sie sich hier für eine Weile, in einer stillen Stunde. Riefen hinaus in die Leere und Weite, um ihre Anwesenheit zu verkünden, und hofften auf Antwort aus der Ferne. Einige haben es deutlich gemacht. Eine Signatur oder eine Einkerbung einer gemeinsamen kodierten Sprache. X = zehn Tage, A = Anna, E = Erik, T = Tochter. Eine kleine Axt oder ein Messer am Rand. Sie hackten an einem Kiefernstamm eine Fläche frei, legten dann die scharfe Axtschneide dagegen und schlugen mit der anderen Hand mit einem kleinen Stein auf die Axt ein. Hackten und schnitten große Buchstaben in das weiße, nasse Holz.

A kommt auf mehreren Stämmen vor. Die erste Tochter sollte Anna heißen. Die zweite Brita, gefolgt von Karin. Wenn Anna die ersten Jahre nicht überlebte, wurde die zweite oder dritte Tochter eine neue Anna … In vielen Orten hier zwischen dem Norden von Dalarna bis hinauf nach Hälsingland hieß jedes dritte Mädchen Anna. Es ist ein schöner Name. Aber das Holz des Baumes hat jetzt die meisten Namen und Grüße ergrauen oder einwachsen lassen, jedes Jahr ein bisschen mehr. Solange die Bäume stehen, sind sie gespeichert, innen im Holz, aufgesammelt von den Jahren.

Und dann sehe ich ein Muster, gebrochen in Winkeln, wie ein Zickzack. Ein Symbol für eine Sippe, einen Hof, einen

Traum oder einfach Gekritzel? Was soll hier vermittelt werden? Was schrieb Linné, in jener Nacht, an seinem Lagerfeuer, 1732? Was schreibe ich jetzt, hier, heute Abend?

Und nun sind sie verstummt. Die Jungtiere, die jetzt drei, vier Monate alt sein müssten. Noch sind sie Jugendliche, die keine Flaumtracht mehr tragen, aber auch noch nicht die volle Gefiederfärbung der Erwachsenen aufweisen. Fast eine Stunde lang haben sie taktvoll durchgehalten, ehe eines von ihnen aufhörte zu antworten, oder das andere aufhörte, auf eine Antwort zu warten. Wie in jugendlichem Übermut haben sie herumgerufen. Wie bald der Sommer ein Ende nehmen wird, ahnen sie nicht.

Bis zum Herbst werden auch sie gelernt haben, ihre Gedanken über Zukunft und Freiheit einzukerben, tief in das blendendweiße Holz der Moorfichten.

Über Bären, damals und heute

Seit fast 48 Stunden regnet es nun schon. Das hier sollte eigentlich einer der trockensten Sommermonate aller Zeiten werden, aber die Meteorologen haben es sich wohl anders überlegt. Die Konkurrenz um freie Plätze im Storbäcken, dem großen Bach und Abfluss aus den Mooren bei Klövsjöberget, ist ebenso groß geworden. Noch aber sind die Moore sehr nass. Mit jedem Schritt steigt das Moorwasser über den Stiefelspann, aber nicht viel höher als sonst. Das Moor hat etwas ganz Besonderes, eine Art dämpfenden Effekt auf die äußeren

Einflüsse seiner Umgebung. Es fungiert wie ein Prallkissen gegen extremes Wetter und unvorhergesehene Naturgeschehnisse. Die Auswirkungen werden gemildert, egal, ob bei Dürre oder Überschwemmung. Auf irgendeine Weise macht sich diese sanft dämpfende Wirkung bereits in mir bemerkbar ... Doch, meine Stimmung wird hier ausgeglichener. Und nach dem vorbereitenden Kilometerlauf auf der Trainingsbahn haben meine Knie mich mit stetig bohrendem Schmerz gequält. Bei jedem Schritt werden mir winzige kleine Dolche zwischen die Kniegelenke gestoßen. Das Moor dämpfte diesen dauernden Druckschmerz ganz beträchtlich. Linnés Wanderung hierher, zu dem Land in Västerbotten, wie viele Dutzend Kilometer hat er dabei zurückgelegt? Zweihundert? Dreihundert? Vierhundert? Jedenfalls ... allein die Anstrengung!

Ich finde viele Moltebeeren, aber die meisten sind noch hart und grün. In einigen Wochen, Ende Juli, könnten sie so weit seit ... Jede Molteblüte ist entweder eine männliche oder eine weibliche. Eine Pflanze hat immer nur eine Art von Blüte. Da manchmal mehrere Hundert Schößlinge im Moor von einer einzigen Pflanze stammen können, kann ein ganzes kleines Moor nur zu der einen Sorte gehören. In dieser Einsamkeit gibt es dann überhaupt keine Beeren. In Mooren mit einer Mischung aus männlichen und weiblichen Pflanzen besteht die Möglichkeit zur Befruchtung, wenn ausreichend Insekten unterwegs sind wie in diesem Jahr. Auch der Frost ist ein Feind. In der Nähe der Berge blühen die Moltebeerpflanzen ab Ende Mai, wenn noch große Kältegefahr besteht. Selbst unreife, grüne Beeren erfrieren bei wenigen Grad unter

null. Platzregen und Schädlinge sind weitere Gefahren. Und dann sind da die Wühlmäuse, die haben ihre Gänge unter der Erde, hier in unmittelbarer Nachbarschaft. Und eine Frucht zu entwickeln ist sehr mühsam. Im Sommer nach einem reichen Beerenjahr haben viele weibliche Pflanzen keine Kraft mehr für eine weitere Blüte, aber das Moor kann durch die männlichen Blüten dennoch weiß leuchten. Dann blüht er für sie allein.

Auch das war ihm aufgefallen, auf seinem langen, verschlungenen Weg hier herauf, unserem Linné. Dass die Samen im August voller Begeisterung gelbe Beeren verzehren. »... essen hingerissen die zerstoßenen und mit Rentiermilch vermischten Beeren, und auch ich war durchaus nicht abgestoßen von dieser Leckerei, die weniger schädlich ist als Konfekt und andere Süßigkeiten. Die unversehrten Beeren werden im Schnee vergraben, und wenn sie im Frühling wieder ausgegraben werden, schmecken sie noch immer genauso gut.« Es müssen zweifellos ausgegrabene Beeren gewesen sein, die ihm Ende Mai angeboten worden sind.

Die Moltebeerenrunde über Björnmyren wurde zu einer an die sieben, acht Kilometer langen, genussvollen Wanderung, mit weichen Sinnen, weichen Knien. Da ging ich, frei von bösen Gedanken, nur vor mich hin denkend und einige Beeren pflückend, wie auf einer überaus weichen und endlosen Bettstatt. Und ich dachte dabei auch an *Björn* und *björn*, was im Schwedischen sowohl ein Vorname als auch *Bär* ist. Ob das Moor seinen Namen Björnsson verdankte? Ein nicht weit entfernt gelegenes Weidegebiet hat diesen Namen, ich habe dort in einer Hütte Schutz vor heftigem Regen gesucht. Oder ob die Gegend ihren Namen von erlegtem Großwild hat, dachte ich, während ich Ausschau hielt nach gelben Feldern mit dicken, runden Beeren. Aber mein Blick suchte auch nach Losung. Ich habe gehört, die Exkremente von Bären haben Ähnlichkeit mit der von Kühen, seien um diese Zeit aber angereichert mit Blaubeeren, Krähenbeeren und Büscheln von Hasenfell. Die Gegend hier ist die bärenreichste im ganzen Land, wenn es um Großwild geht. *Ursus arctos.*

Das Land Jämtland, von dem es heißt, dass es im Herzen des schwedischen Wappens thront ... »Hier konzentriert sich alles, was unser ausgedehntes Land uns an lächelnden Wiesen, beackertem Land, blauen Gewässern, dunklen Wäldern und mächtigem Hochgebirge zu bieten hat.« Ich habe das irgendwo gelesen, irgendwann einmal, aber die richtigen Zeilen und die Quelle sind mir jetzt, hier am Rande des Wassergrabens, entfallen und unbekannt ...

Als ich wohlbehalten auf dem befestigten Weg angelangt bin, geht mir auf, dass ich nicht geträumt habe. Die Dolchstiche quälen mich bereits mit frischer Kraft bei meinem ersten harten Schritt auf den Asphalt.

Das Moor liegt da wie ein seichter, grüner See, zwischen mir und den blauen Bergen im Westen. Blau und grün, diese Farben passen so gut zueinander. Dass ich jetzt an einem Ufer entlanggehe oder dem, was einst ein Ufer eines Sees war, so, wie ich ihn mir vorzustellen versuche. Ich schaue nach Norden, als ob das Binnenlandeis dort noch immer liegen könnte, wie eine riesige schmelzende, zurückweichende Wand. Das tut es nicht. Stattdessen nähert sich ein Bus, schaukelnd auf die be-

kannte Weise, mit der Nummer 46. Ich winke, wie um meine kleine Existenz in der Welt zu betonen, gleich darauf drosselt der Bus sein gemächliches Tempo und hält am Straßenrand. Vielleicht passiert das nur im Binnenland von Norrland …

Es ist der Fahrer, der mich neulich abgesetzt hat. Er lächelt noch immer freundlich. Ich frage, ob er nach Östersund fährt. »Nein, nach Mora.« »Danke, das ist mir genauso recht. Dann eine einfache Fahrt«, erwidere ich und strebe die hinteren Sitzreihen im Bus an, denn ich weiß aus Erfahrung, dass die am weichsten sind und am wenigsten schaukeln. Stelle dabei fest, dass der Bus ganz und gar leer ist. Er hat keine weiteren Reisenden mitgebracht, und vielleicht hat der Fahrer deshalb erfreut angehalten, so freundlich. Also setze ich mich gleich hinter den Fahrerplatz, um meine Dankbarkeit zu zeigen und Gesellschaft zu leisten. Wir schaukeln in Richtung Mora, über Orsa.

Von dem erhöhten Sitz aus sieht man durch das Busfenster die prähistorische Seenlandschaft, die das Binnenlandeis einst zurückgelassen hat, viel deutlicher. Obwohl das vielleicht 10 000 Jahre her ist. Das Schmelzwasser bildete die ersten großen Seen, indem es sich in Senken und Mulden in dem weichen Gestein sammelte. Dieser hier könnte ein Toteisblock gewesen sein, zurückgeblieben in der ansonsten so kargen Moränenlandschaft. Keine Bäume, kein Gras, keine Blumen. Nur Fels, Sand, Stein und Wasser, so versuche ich mir die Landschaft vorzustellen. Ein See, der einfach einige Jahrtausende lang da lag und sich kräuselte, darauf wartend, dass um ihn herum das Grün Einzug hielt. Nach und nach wuchs die Vegetation, und irgendwann wurde der See zu einem fest überwucherten

Feuchtgebiet, wo Moos, Büsche und Bäume Wurzeln schlagen konnten. Vor 8000 Jahren setzte eine lange wärmere Periode ein. Nun kamen Bäume hinzu, wuchsen regelmäßiger und effizienter und trugen durch ihr starkes Wasserbedürfnis zur Trockenlegung bei. In der Geologie wird diese Zeit als Halozän oder Nacheiszeitalter bezeichnet. Die Kiefern waren als Art offenbar besonders begünstigt und haben sich über viele Feuchtgebiete hinweg verbreitet. Das Moor wuchs weiter, als in den Feuchtgebieten nun auch Seggen, eine Art Halbgras, sowie Weiß- und Blattmoos auftraten. Die ersten Torfschichten bildeten sich, als sich Pflanzenreste nach und nach in den untersten, dauerfeuchten und sauerstofffreien Schichten ablagerten.

Schwedens Feuchtmoore haben sich ausnahmslos nach Ende der letzten Eiszeit gebildet. Wenn die Feuchtigkeit von Regen und Schnee stammt, also überwiegend von oben, entstehen nährstoffarme, ombrogene Moore, wie sie in den südlicheren Landesteilen häufiger auftreten (*myr*, etwa dem deutschen Hochmoor entsprechend). Kommt das Wasser von unten, also von Grundwasser, Bächen und Seen, gibt es nährstoffreichere, minerogene Sumpfgebiete (*kärr*, etwa dem deutschen Niedermoor entsprechend). Dieses Wasser ist durch Mineralboden geflossen und reichert sich dort an, ehe es das Moor erreicht. Das erklärt die biologische Vielfalt und den großen Artenreichtum mit besonders begünstigten Arten. Ein Zehntel der Fläche Schwedens fällt unter den Oberbegriff Moor. In einem lang gezogenen Land wie Schweden gibt es viele unterschiedliche Dialektbegriffe, aber Moor ist überall die übergeordnete Bezeichnung.

Es ist ein Glück, dass es hier Zeit genug gibt, denke ich. Die Torfschicht in den Mooren wächst jedes Jahr um vielleicht einen halben oder bestenfalls einen Millimeter. Ich stelle mir vor, dass der Verlauf der Zeit auch auf größeren Ereignissen beruhen sollte ... Aber wie gesagt, es mag schon viele davon gegeben haben.

Ich selbst bin, seit ich hierhergekommen bin, ohne Zeit gewesen. Ich beuge mich vor und überlege mir dabei eine Frage; ob der freundliche Chauffeur möglicherweise wisse, um welche Zeit wir ankommen werden, was er ja wissen müsste, in seiner Rolle als Busfahrer.

Ich fasse mir ein Herz und räuspere mich, wie um Entschuldigung zu bitten. »Liegen wir in der Zeit?«

»Zeit ist etwas, das Uhren messen«, murmelt er, hinter seinem Lenkrad, in den Rückspiegel lächelnd.

Wie auch immer, Orsa kommt zu uns.

Ich sammele mich und meinen nassen Rucksack ein weiteres Mal ein und sage »Danke«. Dann denke ich, man hätte sich vielleicht vorstellen sollen, jetzt, wo wir da sind ... »Danke«, sage ich noch einmal, lächele und füge meinen Namen hinzu. »Ebenfalls, danke für die Gesellschaft«, antwortet er, es folgen ein freundliches Nicken und ein »Björn«.

Duft von …

Hier am Waldrand bei der Hütte draußen am Moor gedeiht die Linneapflanze (*Linnaea borealis*) gut, in kleinen Gruppen. Die Blätter sitzen, zwei und zwei, dicht beieinander und zeichnen lange Risse im weichen Moos. Fühlen sich hier im Halbschatten richtig wohl, unter altem Kiefern- und Weidenwald.

Duften bevorzugt des Nachts.

Eine zarte Blume, die bis an die Ränder der dem Wind und Wetter ausgesetzten Berghänge kriecht.

Den Namen *Linnaea borealis* nahm Linné vom lateinischen *boreus* (nördlich), was sich auf das häufige Auftreten und die Verbreitung dieser Pflanze im Norden bezieht. Linné verglich sich schon in sehr jungen Jahren gern mit dieser unscheinbaren rosa Blume, die »niedrig wächst, verachtet wird und nur kurze Zeit blüht«.

Im Sommer 1739 heiratet er die junge Sara Lisa Moraea, die er auf einer seiner vielen Reisen durch Dalarna bei einer Weihnachtsfeier kennengelernt hat. Es ist ein wichtiger und ereignisreicher Juni in seinem Leben, denn er gründet in diesem Jahr gemeinsam mit anderen Wissenschaftlern Kungliga Vetenskaps Akademien, die Königliche Akademie der Wissenschaften. In den folgenden Jahren, von 1741 bis 1778, arbeitet er als Professor der Medizin und Botanik an der Universität Uppsala. In seinem bewegten Leben beschrieb er an die 15 000 Arten innerhalb der drei Reiche der Natur: Pflanzen-, Tier- und Steinreich. Mit der Zeit wurde er zu einem der angesehensten und bedeutendsten Wissenschaftler Europas.

Trotz seiner enormen Erfolge und seines Reichtums bewahrte er sich eine romantische Wunschvorstellung vom primitiveren Leben im Norden. Bei einer Renovierung von Linnés Wohnung in Hammarby bei Uppsala während der 1930er Jahre wurde dort in der Unterkonstruktion des Hauses ein samischer Schuh gefunden. Linné sehnte sich Zeit seines Lebens nach dem Schlichten und Reinen des Nordens. Allen in seiner Nähe war das bekannt. Sein Credo lautete: »Wer im Verborgenen lebt, lebt gut«.

Einsam steht ein Baum in einem Moor. Nun ohne das Geräusch von klappernden Schnäbeln. Die beiden Spechtjungen sind seit einigen Tagen stumm und verschwunden. Frau Specht ruht sich aus, sammelt ihre Kräfte und verspeist Blaubeeren. Ich habe es auf dem Weg hierher gesehen. Dass ihr Schnabel blau war. Auch auf sie wartet eine neue Zeit.

In der Regel nutzt sie ihren Bau nur ein einziges Mal, danach überlässt sie ihn anderen, während sie im nächsten Jahr unermüdlich in einem anderen Baum ein neues Nest schafft. Eichhörnchen, Stare, Fledermäuse, Hummeln und andere Arten, die unfähig sind, sich selbst eine Behausung zu bauen, übernehmen diese schnell. Das ist doch schön.

Vielleicht wird der Baum bald zu Boden gehen. Nistbäume von Spechten werden relativ häufig und leicht vom Wind gebrochen, auf der Höhe des Baueingangs, der bei starkem Sturm zur Schwachstelle wird. Auf diese Weise entstehen häufig auch neue, für Eulen geeignete Baumstümpfe.

»Wenn ein Baum stirbt, pflanzt einen anderen an seiner Stelle.« Linné scheint fast für alles in seiner Umgebung ein

Zitat, einen Spruch, eine Meinung gehabt zu haben. Ich weiß nicht. Wir haben hinter der Hütte einen neuen Obstbaum gepflanzt. Mitten auf dem Rasen haben wir ein tiefes Loch ausgehoben. Heute, drei Jahre später, sieht der Baum bereits halbtot aus. Die Blätter kräuseln sich, die Rinde blättert ab, die Zweige weisen nackt und leer hinaus ins All. Vermutlich steht er dort zu einsam und schutzlos, ohne andere ähnliche Bäume in der Nähe. Ich hätte mich besser in den Ort einfühlen müssen. Ohne Schatten, Windschutz und Nachbarschaft, mitten auf einer leeren Rasenfläche, wer will so denn wachsen?

Ein Gefühl von Einsamkeit haben mir die Moore nie vermittelt. Aber ich bin ja auch nur zu Besuch. Ich verbringe eine kurze und freie Zeit hier, wenn mir danach ist. Ich sammle Beeren und lasse meinen Blick über die offene Weite schweifen.

Die winzigen Blätter der Zwergbirke, *Betula nana,* sind abgefallen und breiten sich nun über das Moor aus. Diese Birke ist eine von den Arten, die hier zu Hause sind und sich langsam angepasst haben, um ihren Platz zu finden, in der Stille. Ich habe schon wieder, unbewusst, einige Blätter abgerissen, sie zerrieben und meine Finger damit hell gefärbt. Nehme den grünen Geruch wahr, wie von der spätwinterlichen Tour über den Harschschnee.

Hier gibt es ihn – den Kontrast zu anderen Welten. Dass man niemals jemandem begegnet, weit fort von Veränderungen und Geschehnissen. Hier werden diese Dinge deutlicher, verborgen vor der Welt. Ab und an nur geschieht etwas Kleines. Die rosa Linnea, die langsam und kriechend beschließt, für irgendein Insekt in der Ferne, am Rande des nördlichen Waldes zu duften.

In einer Landschaft jenseits der Zeit.

Ich halte meine grünen Fingerspitzen an meine Nase. Es riecht nach Bastelunterricht, nach dem kommenden Sommer und nach etwas anderem. Ein sanfter Duft, nach Leben.

18. August 1864
Kalter Wind mit Regenschauern. Zurückgekehrt aus Acksjöberg, habe im Digertjernmoor gemäht in diesem Jahr, 1864. In England werden jeden Tag 45 Millionen Zündhölzer hergestellt.

Aus: Jonas Olssons Tagebuch, Fågelsjö

LITERATURLISTE

Ekström, Solweig: Myrmarker – En bok om bruket av våtmarker förr och nu, Stockholm 1977.

Höijer, Björn Erik: Mannen på myren, Stockholm 1957.

Magnason, Andri Snær: Wasser und Zeit, Berlin 2020. Deutsch von Tina Flecken.

Olsson, Jonas: Min hand är icke begåfvad att föra en skikliger penna: Fågelsjöbonden Jonas Olssons dagbok 1851–1892, Fågelsjö 2009.

Osvald, Hugo: My rar och myrodling, Stockholm 1937.

Pettersson, Börge / Svanberg, Ingvar / Tunón, Håkan: Etnobiologi i Sverige, del 1 – Människan och naturen, Stockholm 2001.

Pettersson, Olof Petter: Nybyggares dagliga leverne, Vilhelmina 1999.

Sörlin, Sverker: Linné och hans apostlar, Orebro 2004.

Svanberg, Ingvar: Människor och växter, Malmö 1998.

Urisman Otto, Alexandra: Gretas Weg, Hamburg 2021. Deutsch von Ulla Ackermann.

Die Route der Inlandsbahn sowie Hinweise auf Museen und Nationalparks als empfohlene Reiseziele.

Schwarze Punkte: Zentrale Orte des Aufenthalts von Mattias Eliasson.
Orangefarbene Linien und Punkte: Die Route der Reise von Carl von Linné 1732.

DAS MOOR, NORRLAND, CARL VON LINNÉ UND DIE INLANDSBAHN

Moorlandschaften sind vor allem in gemäßigten Klimazonen anzutreffen, wo das Wetter von Tag zu Tag und noch mehr von Monat zu Monat variiert. In Schweden bedecken sie an die fünf Millionen Hektar, was gut zehn Prozent der gesamten Fläche des Landes entspricht. Schweden gehört damit, zusammen mit Irland und Finnland, zu den moorreichsten Ländern der Welt; und die ausgedehntesten Moorbereiche befinden sich im Binnenland von **Norrland**. Aber auch in Götaland, dem südlichsten Viertel von Schweden, gibt es große Moorgebiete. Der Nettozuwachs der schwedischen Moore beträgt an die 0,5 mm pro Jahr, was in etwa 30 Gramm pro Quadratmeter und Jahr entspricht. Die Moorgebiete sind wichtiger Lebensraum für viele Pflanzen, Vögel, Insekten, Spinnen, Frösche, Reptilien und Säugetiere. Regenmoore (*myr*) sind in der Regel artenärmere Biotope, in Bezug auf Pflanzen und Tiere, als Niedermoore (*kärr*).

Norrland ist ungefähr 300 km breit und fast 1000 km lang, es bildet drei Fünftel von Schwedens Fläche. Gut eine Million Einwohner leben hier, die meisten im südlichen Teil und in den Küstenstädten an der Ostsee. Die Bevölkerungsdichte liegt bei knapp fünf Menschen pro Quadratkilometer, aber in riesigen Teilen liegt sie bei weit unter einer Person je Quadratkilometer. Für die Samen ist Norrland ein Teil des Lebensraums **Sápmi**, der die nördlichen Teile Norwegens, Schwedens, Finnlands und Russlands umfasst. Seit dem Ende der letzten Eiszeit durchzogen sie als Nomaden die riesigen Weiten; über Tausende von Jahren taten sie dies ungestört von fremden Einflüssen. Erst im Mittelalter kamen die Samen in Kontakt mit norwegischen und schwedischen Behörden, sie wurden steuerpflichtig und eine lange Zeit der Unterdrückung und zwangsweisen Assimilierung begann. Seit dem Zweiten Weltkrieg erkämpfen sich die Samen ihre uralten Rechte und Traditionen allmählich wieder. Aber bis heute hat Schweden noch nicht die bereits 1969 verabschiedete Konvention 169 der ILO (International Labour Organization der Vereinten Nationen) ratifiziert, die unter anderem die Besitzrechte von indigenen Völkern formuliert.

Im 19. und zu Beginn des 20. Jahrhunderts zogen viele Schweden nach Norrland, man begann Land zu kultivieren, Bodenschätze auszubeuten und die Wasserkraft der riesigen Flüsse zu nutzen; und der Wald wurde ein mächtiger Wirtschaftsfaktor. Die Bevölkerung Norrlands vervielfachte sich und Teile der unberührten Landschaft wurde mit Eisenbahn und Straßen zugänglich gemacht. Aber noch immer haben weite Teile den Charakter einer nahezu unberührten Naturlandschaft. Seit ein paar Jahren rollt eine neue Industrialisierungswelle durch Norrland. Billige Energie in Form von Wasserkraft und gigantischen Windkraftparks, die Entdeckung neuer Bodenschätze (z. B. seltene Erdmetalle) und eine industriefreundliche Politik locken Investoren aus der ganzen Welt an. Die Konflikte zwischen Naturschützern, der samischen Urbevölkerung und Industrie / Politik sind ungelöst und wachsen. Die Zukunft Norrlands und auch seiner unberührten Moore steht in den Sternen und vielleicht in den Businessplänen internationaler Konzerne …

Carl von Linné wurde 1707 in Råshult in Südschweden in einer schwedischen Pfarrersfamilie geboren. Er studierte in Lund und in Uppsala Medizin und Naturwissenschaften. 1732 erhielt er ein königliches Stipendium zur Erforschung Norrlands. Am 12. Mai 1732, einen Tag vor seinem 25. Geburtstag, ritt er allein in die Wildnis von Laponia. In nur sechs Monaten legte er 2000 km zu Fuß, mit Skiern, Pferd und Boot zurück. Diese abenteuerliche Reise, auf der wir ihm in diesem Buch zuweilen begegnen, legte den Grundstock für seine Karriere. 1735 wird er zum Vorsteher der weitläufigen botanischen und zoologischen Gartenanlagen auf dem Landgut De Hartkamp bei Haarlem in den Niederlanden berufen. In dieser Zeit erscheint sein berühmtes Werk *Systema naturae*. Damit legt Linné den Grundstein für die noch heute gültige Katalogisierung von Pflanzen, Tieren und Mineralien. Ein bekannter Ausspruch von Zeitgenossen Linnés lautet: Gott habe die Welt geschaffen, aber Linné habe sie geordnet.

Die **Inlandsbahn** (*Inlandsbanan*) verläuft weitab von der Küste durch das kaum besiedelte Landesinnere Schwedens, sie ist fast 1 300 Kilometer lang und führt von Mora nach Gällivare. Man durchfährt mit ihr weite Birkenwälder, quert kleine Bäche und größere Flüsse und oft sieht man während der Fahrt Rentiere, Elche, Luchse, Bären oder andere Wildtiere. 1907 wurde mit dem Bau begonnen. 1937 wurde der letzte Abschnitt zwischen Arvidsjaur und Jokkmokk in Laponia, dem schwedischen Teil von Sápmi, feierlich eröffnet. Heute findet durchgehender Personenverkehr auf der gesamten noch erhaltenen Strecke nur noch in den touristisch interessanten Monaten von Juni bis August und Februar bis April statt. Im Sommer fährt ein Reiseleiter mit, der Wissenswertes über die Strecke erzählt.
In vielen Stationen wird länger angehalten und es bleibt Zeit, die Gegend zu erkunden. Viele Haltepunkte und kleine Bahnhöfe sind mit einer Signaltafel – gelbe Scheibe mit rotem Rand – ausgestattet. Wird das Signal Richtung Zug gedreht, hält er an.

GLOSSAR

Aapamyr: Moorkomplex, in dem in den zentralen Teilen Sumpfgebiet dominiert. Oft mit parallelen Wasserläufen.

Anders Zorn: Anders Zorn (1860–1920) war Maler, Grafiker und Bildhauer aus Mora in Dalarna. Er erwarb seinen Ruhm mit Aquarellen und Ölbildern mit Porträts berühmter Persönlichkeiten und Landschaftsmalerei. Sein Wohnhaus in Mora und ein daneben errichtetes Museum locken jedes Jahr über 60 000 Besucher in die Kleinstadt.

Dendrochronologie: Methode, mithilfe der Jahresringe Holz zu datieren.

Druckholz: Reaktionsholz der Nadelhölzer, das vor allem auf der Unterseite schief stehender Stämme beziehungsweise Äste auftritt und durch den Aufbau von Druckkräften sowie oft durch eine rötliche Färbung gekennzeichnet ist. Sehr harzhaltig.

Finnischer Winterkrieg: Im Krieg zwischen der Sowjetunion und Finnland während des Winters 1939/40 wurden rund 70 000 Finnen verwundet oder getötet; die Größenordnung der sowjetischen Verluste wird auf ein Vielfaches geschätzt. Im 1940 geschlossenen Friedensvertrag konnte Finnland seine Unabhängigkeit zwar wahren, musste aber erhebliche territoriale Zugeständnisse machen und insbesondere große Teile Kareliens abtreten.

Flon: Dialektwort für Moor.

Großer nordischer Krieg: (1700–1721) – das russische Zarenreich, Sachsen-Polen und Dänemark-Norwegen griffen das Schwedische Reich an, das von dem achtzehnjährigen König Karl XII. regiert wurde. Trotz ungünstiger Ausgangslage blieb der schwedische König zunächst siegreich und erreichte, dass Dänemark-Norwegen und Sachsen-Polen aus dem Krieg ausschieden. Als er sich ab 1708 anschickte, Russland in einem letzten Feldzug zu besiegen, erlitten die Schweden in der Schlacht bei

Poltawa im Juli 1709 jedoch eine verheerende Niederlage, welche die Kriegswende bedeutete.

Heureuter: Gestell zum Trocknen von Heu.

Joelwoche: die Woche im Juli, in der nach altem Brauch die Heumahd begann.

Karoliner: Soldaten der schwedischen Armee unter den Königen Karl XI. und Karl XII.

Koppången: Moorgebiet und Naturreservat im Norden von Dalarna. Außerdem eine volkstümliche Melodie, komponiert von Per-Erik Moraeus.

Lycksamyran: Moorlandschaft und Naturschutzgebiet in der Gemeinde Sorsele im Regierungsbezirk Västerbotten.

Minerogener Boden: Boden, der sein Wasser aus umliegenden Mineralböden bezieht, nährstoff- und artenreich.

Natura 2000: Ein Netzwerk aus wertvollen Naturgebieten mit Arten oder Naturtypen, die als besonders schutzwürdig gelten.

Olof Rudbeck d. Ä. (1630–1702) ist vor allem bekannt durch seine Entdeckung des lymphatischen Systems und botanische Forschungen. In Uppsala ließ er den Linnéträdgård (Linné-Garten), in dem ein Linnémuseum eingerichtet ist, anlegen.

Olof Rudbeck d. J. (1660–1740), Sohn von Rudbeck d. Ä. gilt als Pionier in Botanik und Ornithologie. 1695 bereiste er Lappland. Carl von Linné schreibt über seinen geschätzten Kollegen und Lehrmeister: »Ein gottesfürchtiger, ehrenhafter und guter Mann« und verewigte ihn mit der Namensgebung für den gelben Sonnenhut (*Rudbeckia*).

Ombrogene Moore: Moore, die ihr Wasser ausschließlich aus Niederschlag beziehen, nährstoff- und artenarm.

Reser Anna Larsson: Anna Larrsson (1848–1927) aus Utanmyra i Sollerön begann schon als Kind, Melodien mit dem Blashorn zu spielen, meist beim

Viehhüten. Eines ihrer bekanntesten Lieder ist *Visa från Utanmyra (Lied von Utanmyra).*

Tönningfloarna: Moorlandschaft in Härjedalen zwischen Sveg und Vemån.

Wolfsstunde: Die Stunde zwischen Nacht und Morgengrauen. Erfunden von und bekannt geworden durch Regisseur Ingmar Bergman (Film *Vargtimmen* von 1968).

Zwergbirke: Eine Birkenart, *Betula nana,* »nana« leitet sich ab vom griechischen Wort für Zwerg, *nános.*

EMPFEHLENSWERTE MOOR-REISEZIELE IN SCHWEDEN

Store Mosse Nationalpark

Store Mosse ist Südschwedens größtes Moorgebiet und liegt in Småland gleich außerhalb von Värnamo, nicht weit weg von der E4. Es ist ein Nationalpark, der im ganzen Jahr für Besuche geeignet ist. Store Mosse ist auch mit der Bahn gut zu erreichen, und es werden allerlei Aktivitäten und Ausstellungen in einem Besucherhaus (»naturrum«, hier liegt sozusagen der Eingang zum Moor) arrangiert. Die Fütterung von Stein- und Seeadlern findet zwischen November und März statt. Bei Vollmond, Kälte und Schnee werden Mondschein-Skitouren auf dem Schwingrasen in der Umgebung angeboten, im Sommer gibt es Moorwanderungen mit Schneeschuhen.

Tresticklans Nationalpark

Entlang der norwegischen Grenze liegt dieser Nationalpark, das größte unbebaute Waldgebiet in Südschweden mit seinen an die 3000 Hektar. Tresticklan ist eine Gegend mit vielen Seen und kleinen Teichen und liegt in der Gemeinde Dals-Ed im nordwestlichen Dalsland. Die Natur ist geprägt von Felsrücken, die sich von Norden nach Süden erstrecken. Ihre Berghänge sind mit spärlichem Kiefernwald bedeckt, auf den Felspartien wachsen dicht Moose und Flechten. Dazwischen liegen Täler mit Seen und ausgedehnten Moorkomplexen.

Koppångens Naturreservat

Dieses Moorgebiet liegt im Norden von Dalarna, einige Dutzend Kilometer nördlich von Orsa, und grenzt an alte Weidegebiete und im Westen an Finnmarken. Durch die ungewöhnliche Hochlage mit ihren 600 Metern über dem Meer gibt es hier frühzeitig Schnee, der bis weit in den Mai hinein liegen bleiben kann. Im Spätwinter wird die Gegend zu einem berühmten Winterparadies für Skiläufer und Schlittenhundführer. Es gibt etliche Wanderwege, Windschutz, Schutzhütten und Feuerstellen mit dazugehörigem Holzvorrat. Sowohl die Inlandsbahn (*Inlandsbanan*) als auch die Europastraße 45 (*Inlandsvägen*) führen durch dieses Gebiet.

Gullhög-Tönningfloarna

Gullhög-Tönningfloarna ist ein Moorkomplex im östlichen Härjedalen, 20 Kilometer im Nordwesten von Sveg und zirka 1000 Hektar groß. Das Gebiet besteht aus Gullhögfloarna im Süden und geht im Norden in Tönningfloarna über. Die westliche Grenze verläuft parallel zum Fluss Vemån, und in der Mitte befinden sich etliche kleine Moorseen, mit unter anderem weißer Seerose. Die Gegend hat eine sehr reiche Flora und Fauna. Im Vemån gibt es zudem einen sesshaften Bestand an Äsche und Forelle. Am Ostrand des Moores verläuft die Straße von Remmet nach Vemån, hier hält auch der Bus.

Lycksamyran

Lycksamyran ist ein über 2000 Hektar großes Naturschutzgebiet in der Gemeinde Sorsele in Västerbotten. Hier findet man auch heute noch viele Spuren von der früheren Nutzung als Land zur Gewinnung von Heu. Die in der Nähe gelegene Ortschaft Gunnarn hat sich durch diese ertragreichen Heumoore zu einem wohlhabenden und bevölkerungsreichen Ort entwickelt. Über 100 Scheunen soll es im Moor gegeben haben. Hier musste Carl von Linné auf seiner Lapplandreise 1732 kehrtmachen und sich einen anderen Weg suchen, weshalb er der Gegend den Namen Olycksmyren, Unglücksmoor, verpasste. Heute gibt es den Linnépfad, der den weniger geübten Wandersleuten empfohlen wird. Im Ort gibt es außerdem einen Blumenpark zur Erinnerung an Linné.

Vasikkavuoma Naturreservat

Bei Pajala in Norrbotten liegt ein 200 Hektar großes Moorgebiet. Es ist Europas größtes durch Heuernte bewirtschaftetes Moorgebiet. Die Bauern der Umgebung haben das Moor mehrere Jahrhunderte lang zur Heugewinnung genutzt. Die Gegend ist beliebt als Ort für Skitouren im Winter und Wanderungen mit Vogelbeobachtung und Grillen im Sommer. Früher gab es über 300 Scheunen, heute sind noch an die 80 erhalten. Sie sind gut zu erreichen, wenn man den gekennzeichneten Wegen und Stegen durch das Moor folgt. Vasikkavuoma ist mit jährlich über 10 000 Besuchern der meistbesuchte Ort der Gemeinde.

Råshult

Carl von Linnés Geburtsort in Småland, bei Älmhult gelegen, mit einem lebenden Kulturreservat, dessen Boden noch immer genutzt und geschützt wird. Das Reservat kann das ganze Jahr über besucht werden, es hat ein Café, ein Restaurant und einen Hofladen (im Sommer geöffnet). Die Stiftung Linnés Råshult vermittelt einen Eindruck davon, wie eine Pastorenwohnstätte im 18. Jahrhundert ausgesehen haben kann. Im Kulturreservat sind mehrere Gärten nachgestaltet worden, und man kann ein Denkmal für Carl von Linné bewundern.

Das Rallarmuseum in Moskosel

Das Museum vermittelt einen guten Einblick in das Leben der wandernden Bahnarbeiter (*Rallare*). Sie bauten innerhalb von 30 Jahren voller Schweiß und Not die Bahnstrecke der Inlandsbana. Im Café hängen alte Fotos an den Wänden und erinnern an eine entschwundene *Rallar*-Epoche. Das Museum hat in den Sommermonaten jeden Tag geöffnet und gehört zu den Hauptattraktionen entlang der Bahnlinie. Im Nachbarhaus Kajutan gibt es einen reichhaltigen Flohmarkt.

WEITERE HINWEISE – ZUR INFORMATION ÜBER MOORE IN DEUTSCHLAND UND EUROPA

Der Mooratlas als vollständiges PDF

Das Greifswald Moor Centrum ist als Schnittstelle zwischen Wissenschaft, Politik und Praxis Vordenker und Gestalter in allen Moorfragen – lokal und weltweit.

Nord-Reportage: Mehr Moor!

Gespräch mit Michael Succow, STUDIO 3

Moorschutz-Patenschaft der Succow-Stiftung

Moore in Europa

Wissens-Podcast: MOOR Spezial (WDR)

MATTIAS ELIASSON

wohnt in Småland und stammt auch von dort. Er wuchs in einer Gegend auf, in der sich kleine dunkle Wälder und Seen mit roten Bauernhöfen vermischen, in einer Landschaft, in der die praktische Arbeit immer in der Nähe und ihm schon seit jungen Jahren am Herzen liegt. Das Sammeln von Eindrücken und Material aus Wald, Gebirge und gewundenen Gewässern ist sein Leben, schon in jungen Jahren und auch heute.

Im Laufe der Jahre präsentierte er dieses Material in Form von Fotos, Filmen, Büchern und, vielleicht am greifbarsten, auch in Form von bearbeitetem Holz – was sich auch in seinem ersten Buch niederschlägt: *Handen, trädet, tanken – från de förbisedda skogarnas gläntor*, 2020, Obygden Förlag. Nach weiterer Zeit seiner Sammeltätigkeit erschien sein zweites Buch: *Bortom bäcken*, CKM Förlag, 2024.

Das hier vorliegende Buch *Myr (Moor)* ist sein drittes Buch, Basebo Förlag 2024. Die schwedische und die deutsche Ausgabe erscheinen zeitgleich.

DANK DES AUTORS

Christian: Deine Unterstützung, deine Gedanken und dein Verständnis haben diese Reise zu einem Genuss voller wertvoller Erfahrungen gemacht.

Annie: Du machst den Text, mit kleinen Dingen, besser. Deutlicher, klarer und schöner.

DANK DES VERLAGES

Für die EUROPEAN ESSAYS arbeiten wir in der Bebilderung mit Bildenden Künstlerinnen und Künstlern zusammen.

Insbesondere mit RÜDIGER TILLMANN, von ihm stammen die akribischen Federzeichnungen im Vor- und Nachsatz dieses Buches sowie Tuschen und Kreiden. Mehr von ihm findet man hier: www.derwaldrauscht.de

Rüdiger Tillmann

Die genauen, gezeichneten Porträts der Autorinnen und Autoren sowie von RÜDIGER TILLMANN stammen von ANIKA TAKAGI.

Zur Gestaltung der Reihe gehören immer auch die Karten von MARKUS KLUGER.

Von MATTIAS ELIASSON stammen alle Fotografien hier im Buch. Wo dies nicht der Fall ist, ist das Copyright angegeben.

Die Illustration auf dem Umschlag stammt von BO LUNDWALL.

Von GABRIELE HAEFS stammt die Übersetzung ins Deutsche. Christian Holzer und Katrin Köhler besorgten das Lektorat der Übersetzung.

Insbesondere danken wir CHRISTIAN HOLZER vom Basebo Verlag für die Zusammenarbeit. Mehr von seinen Büchern findet man hier: www.baseboforlag.se

EUROPEAN ESSAYS ON NATURE AND LANDSCAPE

europeanessays.eu

WO WIR LEBEN

Landschaften und Naturphänomene in Europa. Beschrieben in ihrer Eigentümlichkeit. Berichtet wird davon, was die jeweilige Landschaft ausmacht, was sie war, was sie ist, was sie wird. Die Autorinnen und Autoren haben freies Spiel, ihr persönlicher Zugang zur jeweiligen Landschaft bestimmt und führt den Text. Die Essays verleiten zum eigenen Naturerleben und -erforschen.

Die Bücher dieser Reihe erscheinen im Verbund mit Kolleginnen und Kollegen in Europa.

»Eine neue Buchreihe macht Lust auf deutsche und europäische Naturlandschaften. Man lernt, man staunt, lässt sich begeistern.«
Süddeutsche Zeitung

»Die reichhaltige und notwendige Reihe EUROPEAN ESSAYS ON NATURE AND LANDSCAPE. – Jeder Band lässt eine eigene Handschrift erkennen, in jedem trifft sich eine gründliche Recherche mit persönlichem Erleben. – Die Fotografien sind atemberaubend, so dass man auf der Stelle in den Himmel schauen möchte. Oder wandern. Oder Wellen beobachten. Oder über die Heide laufen. Oder …«
Frankfurter Rundschau

»Eine neue ambitionierte und wunderbar gestaltete Reihe.«
Welt am Sonntag

»Von Begeisterung getragen und ausgesprochen lehrreich.«
Märkische Oderzeitung

»Ein Perspektivwechsel in der Landschaftswahrnehmung.«
Natur und Landschaft

europeanessays.eu